新版建设工程工程量清单计价使用指南

通用安装工程

张 巍 主编

中国建材工业出版社

图书在版编目（CIP）数据

通用安装工程/张巍主编. —北京：中国建材工业出版社,2013.9

（新版建设工程工程量清单计价使用指南）

ISBN 978-7-5160-0506-4

Ⅰ.①通… Ⅱ.①张… Ⅲ.①建筑安装—工程造价

Ⅳ.① TU723.3

中国版本图书馆 CIP 数据核字（2013）第 165455 号

内 容 简 介

本书系统地介绍了造价员对通用安装工程所需掌握的内容,本书共分 12 章,主要内容包括通用安装工程基础,通用安装工程施工图识读,工程量清单计价基础,通用安装工程工程量清单相关规范,电气设备安装工程工程量计算规则,给水排水、采暖、燃气安装工程工程量计算规则,通风空调工程工程量计算规则,建筑智能化工程工程量计算规则,工业管道工程工程量计算规则,消防工程工程量计算规则,刷油、防腐蚀、绝热工程工程量计算规则,通用安装工程工程量清单计算实例等。

本书覆盖面广、内容丰富、深入浅出、循序渐进、图文并茂、通俗易懂,既可作为高等院校相关专业的辅导教材、社会相关行业的培训教材,还可作为安装工程相关造价管理工作人员的常备参考书。

通用安装工程

张 巍 主编

出版发行：**中国建材工业出版社**

地　　址：北京市西城区车公庄大街 6 号

邮　　编：100044

经　　销：全国各地新华书店

印　　刷：北京雁林吉兆印刷有限公司

开　　本：787mm×1092mm　1/16

印　　张：15.25

字　　数：376 千字

版　　次：2013 年 9 月第 1 版

印　　次：2013 年 9 月第 1 次

定　　价：45.00 元

本社网址：www.jccbs.com.cn

本书如出现印装质量问题,由我社发行部负责调换。联系电话：(010)88386906

编 委 会

前　　言

随着我国经济建设飞速发展,城乡建设规模日益扩大,建设市场进一步对外开放,我国在工程建设领域开始推行工程量清单,2003 年《建设工程工程量清单计价规范》(GB 50500—2003)出台和 2008 年《建设工程工程量清单计价规范》(GB 50500—2008)的修订,就是为了适应建设市场的定价机制、规范建设市场计价行为的需要,是深化工程造价管理改革的重要措施。2013 颁布的《建设工程工程量清单计价规范》(GB 50500—2013)是工程造价行业的又一次革新,建设工程造价管理面临着新的机遇和挑战。依据工程量清单进行招投标,不仅是快速实现与国际通行惯例接轨的重要手段,更是政府加强宏观管理转变职能的有效途径,同时可以更好地营造公开、公平、公正的市场竞争环境。

为了满足我国工程造价人员的培训教育以及自学工程造价知识的需求,我们特组织多名有丰富教学经验的专家、学者以及从事造价工作多年的造价工程师编写了这套《新版建设工程工程量清单计价使用指南》系列丛书。该丛书共有四本分册:

(1)《房屋建筑与装饰装修工程》

(2)《通用安装工程》

(3)《市政工程》

(4)《园林绿化工程》

本套丛书以"2013 版"的《建设工程工程量清单计价规范》(GB 50500—2013)为依据,把握了行业的新动向,从工程技术人员的实际操作需要出发,采用换位思考的理念,即读者需要什么就编写什么。在介绍工程预算基础知识的同时,又注重新版工程量计价规范的介绍和讲解,同时以实例的形式将工程量如何计算等具体的内容进行系统阐述和详细解说,针对性很强,便于读者有目标地学习。

本套丛书在编写的过程中得到许多同行的支持和帮助,在此表示感谢。由于工程造价编制工作涉及的范围较广,加之我国目前处于工程造价体制改革阶段,许多方面还需不断地完善、总结。因作者水平有限,书中错误及不当之处在所难免,敬请广大读者批评指正,以便及时修正。

编写委员会

2013.7

目　　录

中国建材工业出版社
China Building Materials Press

我们提供

图书出版、图书广告宣传、企业/个人定向出版、设计业务、企业内刊等外包、
代选代购图书、团体用书、会议、培训，其他深度合作等优质高效服务。

编辑部 | 图书广告 | 出版咨询 | 图书销售 | 设计业务
010-88386119 010-68361706 010-68343948 010-68001605 010-88376510转1008

邮箱：jccbs-zbs@163.com   网址：www.jccbs.com.cn

发展出版传媒   服务经济建设

传播科技进步   满足社会需求

第1章　通用安装工程基础

1.1　工程造价概述

1.1.1　工程造价的概念

工程造价,是指进行一个工程项目的建造所需要花费的全部费用,即从工程项目确定建设意向直至建成、竣工验收为止的整个建设期间所支出的总费用,这是保证工程项目建造正常进行的必要资金,是建设项目投资中的最主要的部分。工程造价主要由工程费用和工程其他费用组成,具体见表1-1。

表1-1　工程造价的费用构成

项　　目		内　　容
工程费用	建筑工程费用	建筑工程费用是指工程项目设计范围内的建设场地平整、竖向布置土石方工程费;各类房屋建筑及其附属的室内供水、供热、卫生、电气、燃气、通风空调、弱电等设备及管线安装工程费;各类设备基础、地沟、水池、冷却塔、烟囱烟道、水塔、栈桥、管架、挡土墙、厂区道路、绿化等工程费;铁路专用线、厂外道路、码头等工程费
	安装工程费用	安装工程费是指主要生产、辅助生产、公用等单项工程中需要安装的工艺、电气、自动控制、运输、供热、制冷等设备、装置安装工程费;各种工艺、管道安装及衬里、防腐、保温等工程费;供电、通信、自控等管线缆的安装工程费
	设备及工器具购置费用	设备、工器具购置费用是指建设项目设计范围内的需要安装及不需要安装的设备、仪器、仪表等及其必要的备品备件购置费;为保证投产初期正常生产所必需的仪器仪表、工卡量具、模具、器具及生产家具等的购置费
工程其他费用		工程建设其他费用是指未纳入以上工程费用的、由项目投资支付的、为保证工程建设顺利完成和交付使用后能够正常发挥效用而必须开支的费用。它包括建设单位管理费、土地使用费、研究试验费、勘察设计费、供配电贴费、生产准备费、引进技术和进口设备其他费、施工机构迁移费、联合试运转费、预备费、财务费用以及涉及固定资产投资的其他税费等

1.1.2　工程造价的作用

工程造价的作用,主要表现在以下几点:

1. 工程造价是项目决策的依据

建设工程投资大、生产和使用周期长等特点决定了项目决策的重要性。工程造价决定着项目的一次投资费用。投资者是否有足够的财务能力支付这笔费用,是否认为值得支付这项费用,是项目决策中要考虑的主要问题。财务能力是一个独立的投资主体必须首先解决的问题。因此,在项目决策阶段,建设工程造价就成为项目财务分析和经济评价的重要依据。

2. 工程造价是制定投资计划和控制投资的依据

工程造价是通过多次性预估，最终通过竣工决算确定下来的。每一次预估的过程就是对造价的控制过程；而每一次估算对下一次估算又都是对造价严格的控制，具体讲，每一次估算都不能超过前一次估算的一定幅度。这种控制是在投资者财务能力的限度内为取得既定的投资效益所必需的。建设工程造价对投资的控制也表现在利用制定各类定额、标准和参数，对建设工程造价的计算依据进行控制。在市场经济利益风险机制的作用下，造价对投资控制作用成为投资的内部约束机制。

3. 工程造价是筹集建设资金的依据

投资体制的改革和市场经济的建立，要求项目的投资者必须有很强的筹资能力，以保证工程建设有充足的资金供应。工程造价基本决定了建设资金的需要量，从而为筹集资金提供了比较准确的依据。

4. 工程造价是评价投资效果的重要指标

工程造价是一个包含着多层次工程造价的体系，就一个工程项目来说，它既是建设项目的总造价，又包含单项工程的造价和单位工程的造价，同时也包含单位生产能力的造价，或一个平方米建筑面积的造价等等。所有这些，使工程造价自身形成了一个指标体系。它能够为评价投资效果提供出多种评价指标，并能够形成新的价格信息，为今后类似项目的投资提供参照系。

5. 工程造价是合理利益分配和调节产业结构的手段

在计划经济体制下，政府为了用有限的财政资金建成更多的工程项目，总是趋向于压低建设工程造价，使建设中的劳动消耗得不到完全补偿，价值不能得到完全实现。而未被实现的部分价值则被重新分配到各个投资部门，为项目投资者所占有。这种利益的再分配有利于各产业部门按照政府的投资导向加速发展，也有利于按宏观经济的要求调整产业结构。但是也会严重损害建筑企业等的利益，从而使建筑业的发展长期处于落后状态，与整个国民经济的发展不相适应。在市场经济中，工程造价也无例外地受供求状况的影响，并在围绕价值的波动中实现对建设规模、产业结构和利益分配的调节。

1.1.3 工程造价的职能

工程造价的职能，见表 1-2。

表 1-2　工程造价的职能

项　目	内　容
预测职能	工程造价的大额性和多变性，无论是投资者或是承包商都要对拟建工程进行预先测算。投资者预先测算工程造价不仅作为项目决策依据，同时也是筹集资金、控制造价的依据。承包商对工程造价的测算，既为投标决策提供依据，也为投标报价和成本管理提供依据
控制职能	工程造价的控制职能表现在两方面：一方面是它对投资的控制，即在投资的各个阶段，根据对造价的多次性预估，对造价进行全过程、多层次的控制；另一方面，是对以承包商为代表的商品和劳务供应企业的成本控制
评价职能	工程造价是评价总投资和分项投资合理性和投资效益的主要依据之一。评价土地价格、建筑安装产品和设备价格的合理性时，就必须利用工程造价资料；在评价建设项目偿贷能力、获利能力和宏观效益时，也要依据工程造价。工程造价也是评价建筑安装企业管理水平和经营成果的重要依据
调节职能	工程建设直接关系到经济增长，也直接关系到国家重要资源分配和资金流向，对国计民生都产生重大影响。所以，国家对建设规模、结构进行宏观调节是在任何条件下都不可缺少的，对政府投资项目进行直接调控和管理也是非常必要的。这些都要通过工程造价来对工程建设中的物质消耗水平、建设规模、投资方向等进行调节

1.2 通用安装工程基础知识

1.2.1 电气设备安装工程基础知识

1. 变配电装置

变配电设备是用来变换电压和分配电能的电气装置。它由变压器、高低压开关设备、保护电器、测量仪表、母线、蓄电池、整流器等组成。变配电设备分室内、室外两种。一般厂矿的变配电设备大多数是安装在室内。

1) 配电柜(盘)

配电柜是用于成套安装供配电系统中受配电设备的定型柜,各类柜各有统一的外形尺寸,按照供配电过程中不同功能要求,选用不同标准接线方案。

按照用电设备的种类,配电盘有照明配电盘和照明动力配电盘。配电盘可明装在墙外或暗装镶嵌在墙体内。箱体材料有木制、塑料制和钢板制。

2) 刀开关

刀开关是最简单的手动控制电器,可用于非频繁接通和切断容量不大的低压供电线路,并兼做电源隔离开关。刀开关按工作原理和结构形式可分为胶盖闸刀开关、刀形转换开关、铁壳开关、熔断式刀开关、组合开关等五类。

3) 熔断器

熔断器是一种保护电器,它主要由熔体和安装熔体用的绝缘体组成。它在低压电网中主要用作短路保护,有时也用于过载保护。熔断器的保护作用靠熔体来完成,一定截面的熔体只能承受一定值的电流,当通过的电流超过规定值时,熔体将熔断,从而起到保护作用。

4) 漏电保护器

漏电保护器又称触电保安器,它是一种自动电器,装有检漏元件及联动执行元件,能自动分断发生故障的线路。漏电保护器能迅速断开发生人身触电、漏电和单相接地故障的低压线路。

2. 电机及电气控制设备

电气控制是指安装在控制室、车间的动力配电控制设备,主要有控制盘、箱、柜、动力配电箱以及各类开关、起动器、测量仪表、继电器等。这些设备主要是对用电设备起停电、送电、保证安全生产的作用。

3. 配电导线

1) 电线

室内低压线路一般采用绝缘电线。绝缘电线按绝缘材料的不同,分为橡皮绝缘电线和塑料绝缘电线;按导体材料分为铝芯电线和铜芯电线,铝芯电线比铜芯电线电阻率大、机械强度低,但质轻、价廉;按制造工艺分为单股电线和多股电线,截面在 10mm^2 以下的电线通常为单股。

低压供电线路及电气设备连线,多采用绝缘电线。常用绝缘电线的种类及型号见表1-3。

表1-3 常用绝缘电线

类 别	名 称	型 号	
		铜 芯	铝 芯
橡胶绝缘线	橡胶线 氯丁橡胶线 橡胶软线	BX BXF BXR	BLX BLXF
塑料绝缘线	塑料线 塑料软线 塑料护套线 塑料胶质线	BV BVR BVV RVB RVS	BLV BLVV

注:绝缘电线型号中的符号含义如下:B—布线用;X—橡胶绝缘;V—塑料绝缘;L—铝芯(铜芯不表示);R—软电线。

2)电缆

电缆按用途可分为电力电缆、控制电缆和通讯电缆等,按电压可分为 500V、1000V、6000V、10000V,最高电压可达到 110kV、220kV、330kV 等多种,按其绝缘材料可分为油浸纸绝缘电缆、橡皮绝缘电缆和塑料绝缘电缆三大类。一般都由线芯、绝缘层和保护层三个部分组成。线芯分为单芯、双芯、三芯及多芯。其型号、名称及主要用途见表1-4。

表1-4 塑料绝缘电力电缆种类及用途

型 号		名 称	主 要 用 途
铝芯	铜芯		
VLV	VV	聚氯乙烯绝缘、聚氯乙烯护套电力电缆	敷设在室内、隧道内及管道中,不能受机械外力作用
VLV$_{29}$	VV$_{29}$	聚氯乙烯绝缘、聚氯乙烯护套内钢带铠装电力电缆	敷设在地下,能承受机械外力作用,但不能承受大的拉力
VLV$_{30}$	VV$_{30}$	聚氯乙烯绝缘、聚氯乙烯护套裸细钢丝铠装电力电缆	敷设在室内,能承受机械外力作用,并能承受相当的拉力
VLV$_{39}$	VV$_{39}$	聚氯乙烯绝缘、聚氯乙烯护套内细钢丝铠装电力电缆	敷设在水中
VLV$_{50}$	VV$_{50}$	聚氯乙烯绝缘、聚氯乙烯护套裸粗钢丝铠装电力电缆	敷设在室内,能承受机械外力作用,并能承受较大的拉力
VLV$_{59}$	VV$_{59}$	聚氯乙烯绝缘、聚氯乙烯护套内粗钢丝铠装电力电缆	敷设在水中,能承受较大的拉力

4. 配管配线

配管配线是指由配电箱接到用电器具的供电和控制线路的安装,分明配和暗配两种。导线沿墙壁、天花板、梁、柱等明敷称为明配线;导线在顶棚内,用瓷夹或瓷瓶配线称为暗配线。

5. 电气照明

1)照明方式

照明分为正常照明和事故照明两大类。正常照明即满足一般生产、生活需要的照明。在突然停电、正常照明中断的情况下供继续工作和使人员安全通行的照明称为事故照明,也称应急照明。正常照明分为一般照明、局部照明、混合照明三种方式。

2）灯具

灯具是能透光、分配和改变光源光分布的器具,以达到合理利用和避免眩光的目的。灯具由光源和控照器(灯罩)配套组成。

电光源按照其工作原理可分为两大类。一类是热辐射光源,如白炽灯、卤钨灯等;另一类是气体放电光源,如荧光灯、高压汞灯、高压钠灯、金属卤化物灯等。

6. 防雷及接地装置

防雷及接地装置是指建筑物、构筑物电气设备等为了防止雷击的危害以及为了预防人体接触电压及跨步电压、保证电气装置可靠运行等所设置的防雷及接地设施。

防雷接地装置由接地极、接地母线避雷针、避雷网、避雷针引下线等构成。

7. 10kV 以下架空线路

远距离输电,往往采取架空线路。10kV 以下架空线路一般是指从区域性变电站至厂内专用变电站(总降压站)配电线路以及厂区内的高低压架空线路。

架空线路一般由电杆、金具、绝缘子、横担、拉线和导线组成。

1.2.2　给水排水、采暖、燃气工程基础知识

1. 给水排水系统

1）室内给水系统

(1)室内给水系统的组成。室内给水系统一般由引入管、干管、立管、支管、阀门、水表、配水龙头或用水设备等组成,供日常生活饮用、盥洗、冲刷等用水。当室外管网水压不足时,尚需设水箱、水泵等加压设备,满足室内任何用水点的用水要求。

(2)系统管网的布置形式。各种给水系统按照水平配水干管的敷设位置的不同,可布置成下行上给式和上行下给式管网两种形式。

2）室外给水系统

(1)室外给水系统的组成。以地面水为水源的给水系统,具体组成见表1-5。

表 1-5　室外给水系统的组成

项　目	内　容
取水构筑物	从天然水源取水的构筑物
一级泵站	从取水构筑物取水后,将水压送至净水构筑物的泵站构筑物
净水构筑物	处理水并使其水质符合要求的构筑物
清水池	为收集、储备、调节水量的构筑物
二级泵站	将清水池的水送到水塔或管网的构筑物
输水管	承担由二级泵站至水塔的输水管道
水塔	收集、储备、调节水量,并可将水压入配水管网的建筑物
配水管网	将水输送至各用户的管道

(2)室外给水管网的布置形式。管网在给水系统中占有十分重要的地位,干管送来的水,由配水管网送到各用水地区和街道。室外给水管网的布置形式分为枝状和环状两种。

3）室内排水系统

(1)室内排水系统的分类。根据排水性质不同,室内排水系统可分为生活污水系统、工业废水排水系统、雨水排水系统三类,具体见表1-6。

表1-6　室内排水系统的分类

项　　目	内　　容
生活污水系统	排除住宅、公共建筑和工厂各种卫生器具排出的污水,还可分为粪便污水和生活废水
工业废水排水系统	排除工厂企业在生产过程中所产生的生产污水和生产废水
雨水排水系统	排除屋面的雨水和融化的雪水

（2）室内排水系统的组成。室内排水系统的组成见表1-7。

表1-7　室内排水系统的组成

名　　称	组　　成
受水器	受水器是接受污(废)水并转向排水管道输送的设备,如各种卫生器具、地漏、排放工业污水或废水的设备、排除雨水的雨水斗等
存水弯	各个受水器与排水管之间,必须设置存水弯,以使存水弯的水封阻止排水管道内的臭气和害虫进入室内(卫生器具本身带有存水弯的,就不必再设存水弯)
排水支管	排水支管是将卫生器具或生产设备排出的污水(或废水)排入到立管中去的横支管
排水立管	各层排水支管的污(废)水排入立管,立管应设在靠近杂质多、排水量大的排水点处
排水横干管	对于大型高层公共建筑,由于排水立管很多,为了减少首层的排出管的数量而在管道层内设置排水横干管,以接收各排水立管的排水,然后再通过数量较少的立管,将污水(或废水)排到各排出管
排出管	排出管是立管与室外检查井之间的连接管道,它接受一根或几根立管流来的污水排至室外管道中去
通气管	通气管通常是指立管向上延伸出屋面的一段(称伸顶通气管);当建筑物到达一定层数且排水支管连接卫生器具大于一定数量时,还有专用通气管

（3）室内排水系统的分流与合流。室内排水有分流和合流两种方式,选用分流或合流的排水系统应根据污水性质、污染程度,结合室外排水制度和有利于综合利用与处理的要求确定。

在一般情况下,室内排水系统的设置应为室外的污水处理和综合利用提供便利条件,尽可能做到清、污分流,以保证污水处理系统的处理效果和有用物质的回收和综合利用。

水资相近的生活排水和生产污、废水,可采用合流排水系统排除,以节省管材。

4）室外排水系统

（1）系统的组成。室外排水系统由排水管道、检查井、跌水井、雨水口等组成,其中检查井设在管道交汇处、转弯处、管径或坡度改变处、跌水处以及直线管段上每隔一定距离的地方;跌水井按管道跌水水头的大小设置;雨水口按泄水能力及道路型式确定。

（2）系统的分类与排水制度。室外排水系统分为污水排除系统和雨水排除系统两部分。污水与雨水分别排放时为分流制,污水与雨水同一管道系统排放时为合流制。排水制度的选择,应根据城镇规划、当地降雨情况和排放标准、原有排水设施、污水处理和利用情况、地形和水体等条件,综合考虑确定。一般新建地区的排水系统宜采用分流制。

2. 采暖工程

1）室内采暖工程的分类

根据热媒的种类,采暖系统可分为热水采暖系统、蒸汽采暖系统、热风采暖系统,具体见表1-8。

表1-8 室内采暖工程的分类

项 目	内 容
热水采暖系统	即热媒为热水的采暖系统。根据热水在系统中循环流动动力的不同,热水采暖系统又分为自然循环热水采暖系统(即重力循环热水采暖系统)、机械循环热水采暖系统(即以水泵为动力的采暖系统)、蒸汽喷射热水采暖系统
蒸汽采暖系统	即热媒是蒸汽的采暖系统。根据蒸汽压力的不同,蒸汽采暖系统又分为低压蒸汽采暖系统和高压蒸汽采暖系统
热风采暖系统	即热媒为空气的采暖系统。这种系统是用辅助热媒(放热带热体)把热能从热源输送至热交换器,经热交换器把热能传给主要热媒(受热带热体),由主要热媒再把热能输送至各采暖房间

2)采暖系统的供热方式

(1)热水采暖系统。热水采暖系统按照水循环动力可分为两种,一种是自然循环系统,另一种是机械循环系统。自然循环采暖系统内热水是靠水的密度差进行循环的;机械循环采暖系统内热水是靠机械(泵)的动力进行循环的。自然循环采暖系统只适用于低层小型建筑,机械循环适用于作用半径大的热水采暖系统。

(2)蒸汽采暖系统。蒸汽采暖系统按供汽压力分为低压蒸汽采暖系统和高压蒸汽采暖系统。当供汽压力≤0.07MPa 时,称为低压蒸汽采暖系统;当供汽压力>0.07MPa 时,称为高压蒸汽采暖系统。

3)室内采暖系统的组成

室内采暖系统一般是由管道、水箱、用热设备和开关调节配件等组成。其中热水采暖系统的设备包括散热器、膨胀水箱、补给水箱、集气罐、除污器、放气阀及其他附件等。蒸汽采暖系统的设备除散热器外,还有冷凝水收集箱、减压器及疏水器等。

室内采暖的管道分为导管、立管和支管。一般由热水(或蒸汽)干管、回水(或冷凝水)干管接至散热器支管组成。

3.燃气工程

1)燃气输配系统

(1)燃气长距离输送系统。燃气长距离输送系统通常由集输管网、气体净化设备、起点站、输气干线、输气支线、中间调压计量站、压气站、分配站、电保护装置等组成,按燃气种类、压力、质量及输送距离的不同,在系统的设置上有所差异。

(2)燃气压送贮存系统。燃气压送贮存系统主要由压送设备和贮存装置组成。压送设备是燃气输配系统的心脏,用来提高燃气压力或输送燃气。贮存装置的作用是保证不间断地供应燃气,平衡、调度燃气供变量。

2)燃气管道系统

城镇燃气管道系统由输气干管、中压输配干管、低压输配干管、配气支管和用气管道组成。

3)燃气系统附属设备

燃气系统附属设备,具体见表1-9。

表1-9 燃气系统附属设备

项 目	内 容
凝水器	按构造分为封闭式和开启式两种,设置在输气管线上,用以收集、排除燃气的凝水
补偿器	补偿器形式有套筒式补偿器和波形管补偿器,常用在架空管、桥管上,用以调节因环境温度变化而引起的管道膨胀与收缩

项　　目	内　　　　容
调压器	按构造可分为直接式调压器与间接式调压器两类,按压力应用范围分为高压、中压和低压调节器,按燃气供应对象分为区域、专用和用户调压器,其作用是降低和稳定燃气输配管网的压力
过滤器	通常设置在压送机、调压器、阀门等设备进口处,用以清除燃气中的灰尘、焦油等杂质

1.2.3　通风空调工程基础知识

1. 通风系统的分类

通风系统的分类见表1-10。

表1-10　通风系统的分类

分　类　依　据		内　　　　　容
按其作用范围分类	全面通风	在整个房间内进行全面空气交换,称为全面通风。当有害物体在很大范围内产生并扩散到整个房间时,就需要全面通风,排除有害气体和送入大量的新鲜空气,将有害气体浓度冲淡到容许浓度之内
	局部通风	将污浊空气或有害物体直接从产生的地方抽出,防止扩散到全室,或者将新鲜空气送到某个局部范围,改善局部范围的空气状况,称为局部通风。当车间的某些设备产生大量危害人体健康的有害气体时,采用全面通风不能冲淡到容许浓度,或者采用全面通风很不经济时,常采用局部通风
	混合通风	用全面送风和局部排风,或全面排风和局部送风混合起来的通风形式
按动力分类	自然通风	利用室外冷空气与室内热空气密度的不同,以及建筑物通风面和背风面风压的不同而进行换气的通风方式,称为自然通风
	机械通风	利用通风机产生的抽力和压力,借助通风管网进行室内外空气交换的通风方式,称为机械通风
按其工艺要求分类	送风系统	送风系统是用来向室内输送新鲜的或经过处理的空气。其工作流程为室外空气由可挡住室外杂物的百叶窗进入进气室;经保温阀过滤器,由过滤器除掉空气中的灰尘,再经空气加热器将空气加热到所需的温度后被吸入通风机,经风量调节阀、风管,由送风口送入室内
	排风系统	排风系统是将室内产生的污浊、高温干燥空气排到室外大气中。其主要工作流程为污浊空气由室内的排气罩被吸入风管后,再经通风机排到室外的风帽而进入大气
	除尘系统	除尘系统通常用于生产车间,其主要作用是将车间内含大量工业粉尘和微粒的空气进行收集处理,有效降低工业粉尘和微粒的含量,以达到排放标准。其工作流程主要是通过车间内的吸尘罩将含尘空气吸入,经风管进入除尘器除尘,随后通过风机送至室外风帽而排入大气

2. 空调系统的分类

空调系统的分类见表1-11。

表1-11 空调系统的分类

分 类 依 据		内 容
按空气处理设备的设置情况分类	集中式空调系统	所有的空气处理设备全部集中在空调机房内。根据送风的特点,它又分为单风道系统、双风道系统及变风量系统三种。单风道系统常用的有直流式系统、一次回风式系统、二次回风式系统及末端再热式系统,见图1-1～图1-4
	分散式系统	也称局部式系统,是将整体组装的空调器(热泵机组、带冷冻机的空调机组、不设集中新风系统的风机盘管机组等)直接放在空调房间内或放在空调房间附近,每台机组只供一个或几个小房间,或者一个房间内放几台机组,见图1-5
	半集中式系统	也称混合式系统,是集中处理部分或全部风量,然后送各房间(或各区)再进行处理。包括集中处理新风,经诱导器(全空气或另加冷热盘管)送入室内或各室有风机盘管的系统(即风机盘管与下风道并用的系统),也包括分区机组系统等,见图1-6及图1-7
按处理空调负荷的输送介质分类	全空气系统	房间的全部冷热负荷均由集中处理后的空气负担。属于全空气系统的有定风量或变风量的单风道或双风道集中式系统、全空气诱导系统等
	空气一水系统	空调房间的负荷由集中处理的空气负担一部分,其他负荷由水作为介质在送入空调房间时,对空气进行再处理(加热、冷却等)。属于空气一水系统的有再热系统(另设有室温调节加热器的系统)、带盘管的诱导系统、风机盘管机组和风道并用的系统等
	全水系统	房间负荷全部由集中供应的冷、热水负担。如风机盘管系统、辐射板系统等
	直接蒸发机组系统	室内冷、热负荷由制冷和空调机组组合在一起的小型设备负担。直接蒸发机组按冷凝器冷却方式不同可分为风冷式、水冷式等,按安装组合情况可分为窗式(安装在窗或墙洞内)、立柜式(制冷和空调设备组装在同一立柜式箱体内)和组合式(制冷和空调设备分别组装、联合使用)等
按送风管道风速分类	低速系统	一般指主风道风速低于15m/s的系统。对于民用和公共建筑,主风道风速不超过10m/s
	高速系统	一般指主风道风速高于15m/s的系统。对民用和公共建筑,主风道风速大于12m/s的也称高速系统

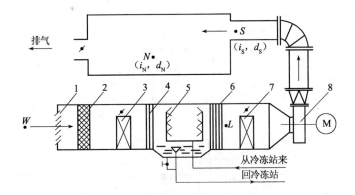

图1-1 直流式空调系统流程图

1—百叶栅;2—粗过滤器;3—一次加热器;4—前挡水板;5—喷水排管及喷嘴;

6—后挡水板;7—二次风加热器;8—风机

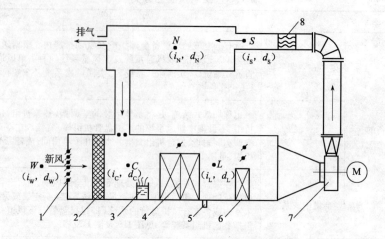

图1-2 一次回风式空调系统流程图

1—新风口;2—过滤器;3—电极加湿器;4—表面式蒸发器;

5—排水口;6—二次加热器;7—风机;8—精加热器

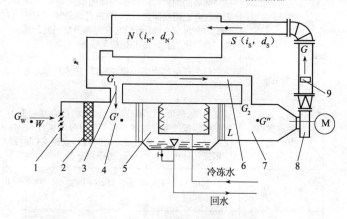

图1-3 二次回风式空调系统流程图

1—新风口;2—过滤器;3— 一次回风管;4— 一次混合室;5—喷雾室;

6—二次回风管;7- 二次混合室;8—风机;9—电加热器

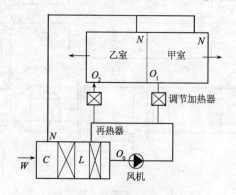

图1-4 末端再热系统

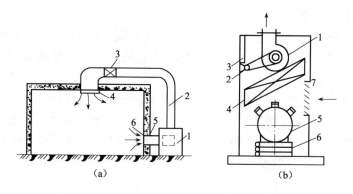

图 1-5 局部式空调系统示意图

（a）1—空调机组；2—送风管道；3—电加热器；4—送风口；5—回风管；6—回风口；
（b）1—风机；2—电机；3—控制盘；4—蒸发器；5—压缩机；6—冷凝器；7—回风口

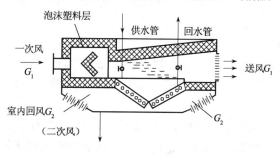

图 1-6 诱导器结构示意图

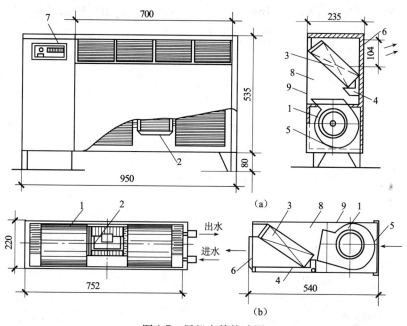

图 1-7 风机盘管构造图

（a）立式；（b）卧式

1—风机；2—电动机；3—盘管；4—凝水盘；5—循环风进口及过滤器；
6—出风格栅；7—控制器；8—吸声材料；9—箱体

3. 空气调节系统的分类

空气调节系统根据不同的使用要求,可分为恒温恒湿空调系统、舒适性空调系统和除湿性空调系统。空调系统根据空气处理设备设置的集中程度可分为集中式空调系统、局部式空调系统、混合式空调系统三类。

集中式空调系统是将处理空气的空调器集中安装在专用的机房内,空气加热、冷却、加湿和除湿用的冷源和热源,由专用的冷冻站和锅炉房供给。多适用于大型空调系统。

局部式空调系统是将处理空气的冷源、空气加热加湿设备、风机和自动控制设备均组装在一个箱体内,可就近安装在空调房间,就地对空气进行处理,多用于空调房间布局分散和小面积的空调工程。

混合式空调系统有诱导式空调系统和风机盘管空调系统两类,均由集中式和局部式空调系统组成。诱导式空调系统多用于建筑空间不大且装饰要求较高的旧建筑、地下建筑、舰船、客机等场所。风机盘管空调系统多用于新建的高层建筑和需要增设空调的小面积、多房间的旧建筑等。

4. 空气洁净系统的分类

空气洁净系统根据洁净房间含尘浓度和生产工艺要求,按洁净室的气流流型可分为非单向流洁净室、单向流洁净室两类。又可按洁净室的构造分成整体式洁净室、装配式洁净室、局部净化式洁净室三类。

非单向流洁净室的气流流型不规则,工作区气流不均匀,并有涡流。适用于 1000 级(每升空气中 ≥0.5μm 粒径的尘粒数平均值不超过 35 粒)以下的空气洁净系统。

单向流洁净室根据气流流动方向又可分为垂直向下和水平平行两种。适用于 100 级(每升空气中 ≥0.5μm 粒径的尘粒数平均值不超过 3.5 粒)以下的空气洁净系统。

第 2 章　通用安装工程施工图识读

2.1　工程制图常用符号

2.1.1　电气工程施工图常用图形符号

1. 强电图样的常用图形符号

强电图样的常用图形符号，见表2-1。

表 2-1　强电图样的常用图形符号

名称	图形		名称	图形	
	形式 1	形式 2		形式 1	形式 2
导线组		3	软连接		
端子	○		端子板		
T 型连接			导线的双 T 连接		
跨接连接(跨越连接)			阴接触件(连接器)、插头		
定向连接			进入线束的点		
电阻器			电容器		
半导体二极管			发光二极管		
双向三极闸流晶体			PNP 晶体管		

名称	图形		名称	图形	
	形式1	形式2		形式1	形式2
电机	★		三相笼式感应电动机	M 3~	
单相笼式感应电动机	M 1~		三相绕线式转子感应电动机	M 3~	
双绕组变压器			绕组间有屏蔽的双绕组变压器		
一个绕组上有中间抽头的变压器			星形—三角形连接的三相变压器		
具有4个抽头的星形—星形连接的三相变压器			单相变压器组成的三相变压器,星形—三角形连接		
具有分接开关的三相变压器,星形—三角形连接			三相变压器,星形—星形—三角形连接		
自耦变压器			单相自耦变压器		

续表

名称	图形		名称	图形	
	形式 1	形式 2		形式 1	形式 2
三相自耦变压器，星形连接			可调压的单相自耦变压器		
三相感应调压器			电抗器		
电压互感器			电流互感器		
具有两个铁心，每个铁心有一个次级绕组的电流互感器			在一个铁心上具有两个次级绕组的电流互感器		
具有三条穿线一次，导体的脉冲变压器或电流互感器			三个电流互感器（四个次级引线引出）		
具有两个铁心，每个铁心有一个次级绕组的三个电流互感器			物件		
两个电流互感器，导线 L1 和导线 L3；三个次级引线引出			具有两个铁心，每个铁心有一个次级绕组的两个电流互感器		

名称	图形		名称	图形	
	形式 1	形式 2		形式 1	形式 2
有稳定输出电压的变换器			频率由 f1 变到 f2 的变频器		
直流/直流变换器			整流器		
逆变器			整流器/逆变器		
原电池			静止电能发生器		
光电发生器			剩余电流监视器		
动合(常开)触点;开关			动断(常闭)触点		
先断后合的转换触点			中间断开的转换触点		
先合后断的双向转换触点			延时闭合的动合触点(当带该触点的器件被吸合时,此触点延时闭合)		
延时断开的动合触点(当带该触点的器件被释放时,此触点延时断开)			延时断开的动断触点(当带该触点的器件被吸合时,此触点延时断开)		
延时闭合的动断触点(当带该触点的器件被释放时,此触点延时闭合)			自动复位的手动按钮开关		

名称	图形		名称	图形	
	形式 1	形式 2		形式 1	形式 2
无自动复位的手动旋转开关	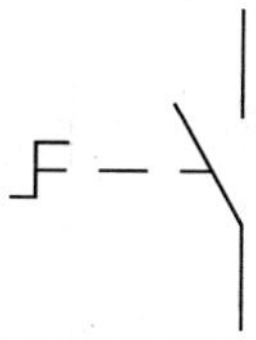		具有动合触点且自动复位的蘑菇头式的应急按钮开关	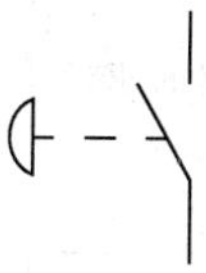	
带有防止无意操作的手动控制的具有动合触点的按钮开关	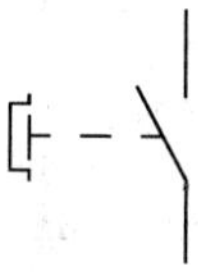		热继电器,动断触点	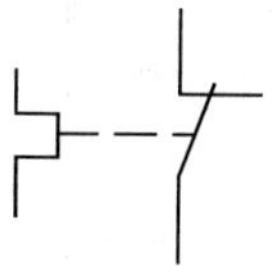	
液位控制开关,动合触点	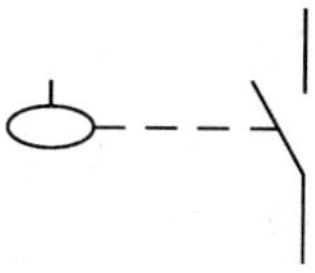		液位控制开关,动断触点	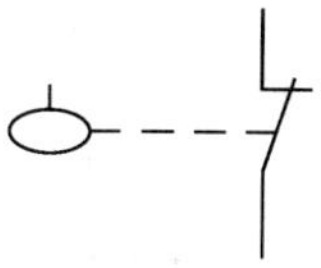	
带位置图示的多位开关	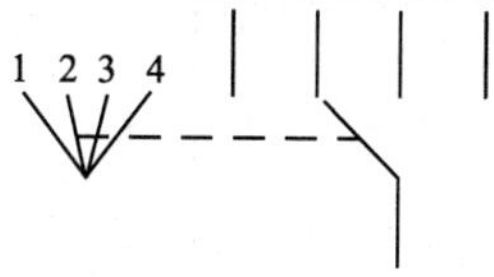 1 2 3 4		接触器;接触器的主动合触点(在非操作位置上触点断开)		
接触器;接触器的主动断触点(在非操作位置上触点闭合)			隔离器		
隔离开关			带自动释放功能的隔离开关(具有由内装的测量继电器或脱扣器触发的自动释放功能)		
断路器			带隔离功能断路器		
剩余电流动作断路器	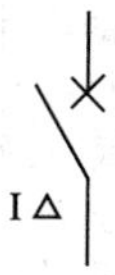 I △		带隔离功能的剩余电流动作断路器	 I △	
继电器线圈,驱动器件	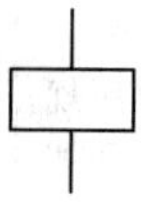		风扇;风机	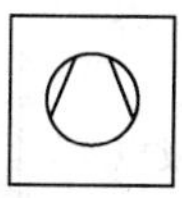	
缓慢释放继电器线圈	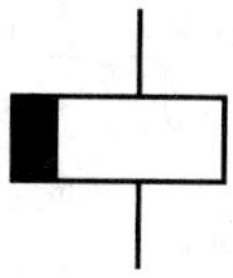		缓慢吸合继电器线圈	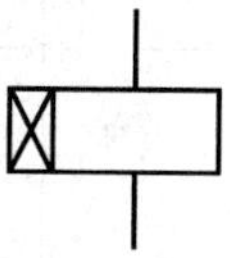	

名称	图形		名称	图形	
	形式1	形式2		形式1	形式2
热继电器的驱动器件			熔断器		
熔断器式隔离器			熔断器式隔离开关		
火花间隙			避雷器		
多功能电器控制与保护开关电器（CPS）（该多功能开关器件可通过使用相关功能符号表示可逆功能、断路器功能、隔离功能、接触器功能和自动脱扣功能。当使用该符号时,可省略不采用的功能符号要素）			电压表	V	
电度表(瓦时计)	Wh		复费率电度表	Wh	
信号灯			音响信号装置（电喇叭、电铃、单击电铃、电动汽笛）		
蜂鸣器			发电站,规划的		
发电站,运行的			热电联产发电站,规划的		
热电联产发电站,运行的			变电站、配电所规划的（可在符号内加上任何有关变电站详细类型的说明）		
变电站、配电所,运行的			接闪杆		

续表

名称	图形		名称	图形	
	形式 1	形式 2		形式 1	形式 2
架空线路			电力电缆井/人孔		
手孔			电缆梯架、托盘和槽盒线路		
电缆沟线路			中性线		
保护线			保护线和中性线共用线		
带中性线和保护线的三相线路			向上配线或布线		
向下配线或布线			垂直通过配线或布线		
由下引来配线或布线			由上引来配线或布线		
连接盒；接线盒			电动机启动器		MS
星—三角启动器		SDS	带自耦变压器的启动器		SAT
带可控硅整流器的调节—启动器		ST	电源插座、插孔（用于不带保护极的电源插座）		
多个电源插座（符号表示三个插座）			带保护极的电源插座		
单相二、三极电源插座			带保护极和单极开关的电源插座		
带隔离变压器的电源插座（剃须插座）			开关（单联单控开关）		
双联单控开关			三联单控开关		
n 联单控开关，n>3			带指示灯的开关（带指示灯的单联单控开关）		

名称	图形		名称	图形	
	形式1	形式2		形式1	形式2
带指示灯双联单控开关	⊗		带指示灯的三联单控开关	⊗	
带指示灯的n联单控开关, n>3	⊗ n		单极限时开关	t	
单极声光控开关	SL		双控单极开关		
单极拉线开关			风机盘管三速开关		
按钮	⊙		带指示灯的按钮	⊗	
防止无意操作的按钮(例如借助于打碎玻璃罩进行保护)	⊙		灯	⊗	
应急疏散指示标志灯	E		应急疏散指示标志灯(向右)	→	
应急疏散指示标志灯(向左)	←		应急疏散指示标志灯(向左、向右)	⇄	
专用电路上的应急照明灯	●		自带电源的应急照明灯	⊠	
荧光灯(单管荧光灯)			二管荧光灯		
三管荧光灯			多管荧光灯, n>3	n	
单管格栅灯			双管格栅灯		
三管格栅灯			投光灯	⊗	
聚光灯	⊗→		—	—	

2. 通信及综合布线系统图样的常用图形符号

通信及综合布线系统图样的常用图形符号,见表 2-2。

表 2-2　通信及综合布线系统图样的常用图形符号

名称	图形		名称	图形	
	形式 1	形式 2		形式 1	形式 2
总配线架(柜)	MDF		光纤配线架(柜)	ODF	
中间配线架(柜)	IDF		建筑物配线架(柜)(有跳线连接)	BD	BD
楼层配线架(柜)(有跳线连接)	FD	FD	建筑群配线架(柜)	CD	
建筑物配线架(柜)	BD		楼层配线架(柜)	FD	
集线器	HUB		交换机	SW	
集合点	CP		光纤连接盘	LIU	
电话插座	TP	TP	数据插座	TD	TD
信息插座	TO	TO	n 孔信息插座,n 为信息孔数量,例如:TO—单孔信息插座;2TO—二孔信息插座	nTO	nTO
多用户信息插座	MUTO		—		

3. 火灾自动报警系统图样的常用图形符号

火灾自动报警系统图样的常用图形符号,见表 2-3。

表 2-3　火灾自动报警系统图样的常用图形符号

名称	图形		名称	图形	
	形式 1	形式 2		形式 1	形式 2
火灾报警控制器	★见注 1		控制和指示设备	★见注 2	
感温火灾探测器(点型)			感温火灾探测器(点型、非地址码型)	N	
感温火灾探测器(点型、防爆型)	EX		感温火灾探测器(线型)		
感烟火灾探测器(点型)			感烟火灾探测器(点型、非地址码型)	N	
感烟火灾探测器(点型、防爆型)	EX		感光火灾探测器(点型)		
红外感光火灾探测器(点型)			紫外感光火灾探测器(点型)		
可燃气体探测器(点型)			复合式感光感烟火灾探测器(点型)		

名称	图形		名称	图形	
	形式1	形式2		形式1	形式2
复合式感光感温火灾探测器(点型)	∧｜		线型差定温火灾探测器	✝	
光束感烟火灾探测器(线型,发射部分)	─⊿─		光束感烟火灾探测器(线型,接受部分)	─⊿─	
复合式感温感烟火灾探测器(点型)	⊿｜		光束感烟感温火灾探测器(线型,发射部分)	⊿｜─	
光束感烟感温火灾探测器(线型,接受部分)	─⊿｜─		手动火灾报警按钮	Y	
消火栓启泵按钮	Y		火警电话	⌓	
火警电话插孔(对讲电话插孔)	◎		带火警电话插孔的手动报警按钮	Y◎	
火警电铃	⌂		火灾发声警报器	◁	
火灾光警报器	▽		火灾声光警报器	▽	
火灾应急广播扬声器	◁		水流指示器(组)	↗ L	
压力开关	P		70℃动作的常开防火阀	⊖ 70℃	
280℃动作的常开排烟阀	⊖ 280℃		280℃动作的常闭排烟阀	Φ 280℃	
加压送风口	Φ		排烟口	Φ SE	

注:1. 当火灾报警控制器需要区分不同类型时,符号"★"可采用下列字母表示:C—集中型火灾报警控制器;Z—区域型火灾报警控制器;G—通用火灾报警控制器;S—可燃气体报警控制器。

2. 当控制和指示设备需要区分不同类型时,符号"★"可采用下列字母表示:RS—防火卷帘门控制器;RD—防火门磁释放器;I/O—输入/输出模块;I—输入模块;O—输出模块;P—电源模块;T—电信模块;SI—短路隔离器;M—模块箱;SB—安全栅;D—火灾显示盘;FI—楼层显示盘;CRT—火灾计算机图形显示系统;FPA—火警广播系统;MT—对讲电话主机;BO—总线广播模块;TP—总线电话模块。

4. 有线电视及卫星电视接收系统图样的常用图形符号

有线电视及卫星电视接收系统图样的常用图形符号,见表2-4。

表2-4　有线电视及卫星电视接收系统图样的常用图形符号

名称	图形		名称	图形	
	形式1	形式2		形式1	形式2
天线	Y		带馈线的抛物面天线	─□)─	

续表

名称	图形		名称	图形	
	形式 1	形式 2		形式 1	形式 2
有本地天线引入的前端(符号表示一条馈线支路)			无本地天线引入的前端(符号表示一条输入和一条输出通路)		
放大器、中继器(三角形指向传输方向)			双向分配放大器		
均衡器			可变均衡器		
固定衰减器	A		可变衰减器	A	
解调器		DEM	调制器		MO
调制解调器		MOD	分配器(表示两路分配器)		
分配器(表示三路分配器)			分配器(表示四路分配器)		
分支器(表示一个信号分支)			分支器(表示两个信号分支)		
分支器(表示四个信号分支)			混合器(表示两路混合器,信息流从左到右)		
电视插座	TV	TV	—	—	—

5. 广播系统图样的常用图形符号

广播系统图样的常用图形符号,见表 2-5。

表 2-5　广播系统图样的常用图形符号

名称	图形		名称	图形	
	形式 1	形式 2		形式 1	形式 2
传声器			扬声器	注1	
嵌入式安装扬声器箱			扬声器箱、音箱、声柱	注1	
号筒式扬声器			调谐器、无线电接收机		

名称	图形		名称	图形	
	形式1	形式2		形式1	形式2
放大器	▷注2		传声器插座	M	

注:1. 当扬声器箱、音箱、声柱需要区分不同的安装形式时,宜在符号旁标注下列字母:D—吸顶式安装;R—嵌入式安装;W—壁挂式安装。
　　2. 当放大器需要区分不同类型时,宜在符号旁标注下列字母:A—扩大机;PRA—前置放大器;AP—功率放大器。

6. 安全技术防范系统图样的常用图形符号

安全技术防范系统图样的常用图形符号,见表2-6。

表2-6　安全技术防范系统图样的常用图形符号

名称	图形		名称	图形	
	形式1	形式2		形式1	形式2
摄像机			彩色摄像机		
彩色转黑白摄像机			带云台的摄像机		
有室外防护罩的摄像机	OH		网络(数字)摄像机	IP	
红外摄像机	IR		红外带照明灯摄像机	IR⊗	
半球形摄像机	H		全球摄像机	R	
监视器			彩色监视器		
读卡器			键盘读卡器	KP	
保安巡查打卡器			紧急脚挑开关		
紧急按钮开关			门磁开关		
玻璃破碎探测器	B		振动探测器	A	
被动红外入侵探测器	IR		微波入侵探测器	M	
被动红外/微波双技术探测器	IR/M		主动红外探测器(发射、接收分别为Tx、Rx)	Tx —IR— Rx	
遮挡式微波探测器	Tx —M— Rx		埋入线电场扰动探测器	□ —L— □	

续表

名称	图形		名称	图形	
	形式 1	形式 2		形式 1	形式 2
弯曲或振动电缆探测器	□ - C - □		激光探测器	□ - LD - □	
对讲系统主机			对讲电话分机		
可视对讲机			可视对讲户外机		
指纹识别器			磁力锁	Ⓜ	
电锁按键	Ⓔ		电控锁	EL	
投影机			—	—	—

7. 建筑设备监控系统图样的常用图形符号

建筑设备监控系统图样的常用图形符号,见表 2-7。

表 2-7　建筑设备监控系统图样的常用图形符号

名称	图形		名称	图形	
	形式 1	形式 2		形式 1	形式 2
温度传感器	T		压力传感器	P	
湿度传感器	M	H	压差传感器	PD	ΔP
流量测量元件（*为位号）	GE*		流量变送器（*为位号）	GT*	
液位变送器（*为位号）	LT*		压力变送器（*为位号）	PT*	
温度变送器（*为位号）	TT*		湿度变送器（*为位号）	MT*	HT*
位置变送器（*为位号）	GT*		速率变送器（*为位号）	ST*	
压差变送器（*为位号）	PDT*	ΔPT*	电流变送器（*为位号）	IT*	
电压变送器（*为位号）	UT*		电能变送器（*为位号）	ET*	
模拟/数字变换器	A/D		数字/模拟变换器	D/A	
热能表	HM		燃气表	GM	
水表	WM		电动阀	Ⓜ-▷◁	
电磁阀	M-▷◁				

8. 图样中的电气线路线型符号

图样中的电气线路线型符号,见表2-8。

表2-8　图样中的电气线路线型符号

名称	图形		名称	图形	
	形式1	形式2		形式1	形式2
信号线路	──S──	──S──	控制线路	──C──	──C──
应急照明线路	──EL──	──EL──	保护接地线	──PE──	──PE──
接地线	──E──	──E──	接闪线、接闪带、接闪网	──LP──	──LP──
电话线路	──TP──	──TP──	数据线路	──TD──	──TD──
有线电视线路	──TV──	──TV──	广播线路	──BC──	──BC──
视频线路	──V──	──V──	综合布线系统线路	──GCS──	──GCS──
消防电话线路	──F──	──F──	50V 以下的电源线路	──D──	──D──
直流电源线路	──DC──	──DC──	光缆	──⊘──	

9. 电气设备常用的文字符号

电气设备常用的文字符号,见表2-9。

表2-9　电气设备常用的文字符号

名　　称	文字符号	名　　称	文字符号
线缆敷设方式标注的文字符号			
穿低压流体输送用焊接钢管(钢导管)敷设	SC	穿普通碳素钢电线套管敷设	MT
穿可挠金属电线保护套管敷设	CP	穿硬塑料导管敷设	PC
穿阻燃半硬塑料导管敷设	FPC	穿塑料波纹电线管敷设	KPC
电缆托盘敷设	CT	电缆梯架敷设	CL
金属槽盒敷设	MR	塑料槽盒敷设	PR
钢索敷设	M	直埋敷设	DB
电缆沟敷设	TC	电缆排管敷设	CE
电缆敷设部位标注的文字符号			
沿或跨梁(屋架)敷设	AB	沿或跨柱敷设	AC
沿吊顶或顶板面敷设	CE	吊顶内敷设	SCE
沿墙面敷设	WS	沿屋面敷设	RS
暗敷设在顶板内	CC	暗敷设在梁内	BC
暗敷设在柱内	CLC	暗敷设在墙内	WC
暗敷设在地板或地面下	FC		
灯具安装方式标注的文字符号			
线吊式	SW	链吊式	CS
管吊式	DS	壁装式	W
吸顶式	C	嵌入式	R

续表

名　称	文字符号	名　称	文字符号
吊顶内安装	CR	墙壁内安装	WR
支架上安装	S	柱上安装	CL
座装	HM		
供配电系统设计文件标注的文字符号			
系统标称电压,线电压(有效值)	U_n	设备的额定电压,线电压(有效值)	U_r
额定电流	I_r	频率	f
额定功率	P_r	设备安装功率	P_n
计算有功功率	P_e	计算无功功率	Q_c
计算视在功率	S_c	额定视在功率	S_r
计算电流	I_c	启动电流	I_{st}
尖峰电流	I_p	整定电流	I_s
稳态短路电流	I_K	功率因数	$\cos\varphi$
阻抗电压	u_{kr}	短路电流峰值	i_p
短路容量	S''_{KQ}	需要系数	K_d

10. 电气设备常用辅助文字符号

电气设备常用辅助文字符号,见表2-10。

表 2-10　电气设备常用辅助文字符号

名称	文字符号	名称	文字符号	名称	文字符号
电流	A	模拟	A	交流	AC
自动	A、AUT	加速	ACC	附加	ADD
可调	ADJ	辅助	AUX	异步	ASY
制动	B、BRK	广播	BC	黑	BK
蓝	BU	向后	BW	控制	C
逆时针	CCW	操作台(独立)	CD	切换	CO
顺时针	CW	延时、延迟	D	差动	D
数字	D	降	D	直流	DC
解调	DCD	减	DEC	调度	DP
方向	DR	失步	DS	接地	E
编码	EC	紧急	EM	发射	EMS
防爆	EX	快速	F	事故	FA
反馈	FB	调频	FM	正、向前	FW
固定	FX	气体	G	绿	GN
高	H	最高(较高)	HH	手孔	HH
高压	HV	输入	IN	增	INC
感应	IND	左	L	限制	L

续表

名称	文字符号	名称	文字符号	名称	文字符号
低	L	最低(较低)	LL	闭锁	LA
主	M	中	M	手动	M、MAN
最大	MAX	最小	MIN	微波	MC
调制	MD	人孔(人井)	MH	监听	MN
瞬间(时)	MO	多路复用的限定符号	MUX	正常	NR
断开	OFF	闭合	ON	输出	OUT
光电转换器	O/E	压力	P	保护	P
脉冲	PL	调相	PM	并机	PO
参量	PR	记录	R	右	R
反	R	红	RD	备用	RES
复位	R、RST	热电阻	RTD	运转	RUN
信号	S	启动	ST	置位、定位	S、SET
饱和	SAT	步进	STE	停止	STP
同步	SYN	整步	SY	设定点	SP
温度	T	时间	T	力矩	T
发送	TM	升	U	不间断电源	UPS
真空	V	速度	V	电压	V
可变	VR	白	WH	黄	YE

11. 强电设备辅助文字符号

强电设备辅助文字符号,见表2-11。

表2-11 强电设备辅助文字符号

名称	文字符号	名称	文字符号	名称	文字符号
配电屏(箱)	DB	不间断电源装置(箱)	UPS	应急电源装置(箱)	EPS
总等电位端子箱	MEB	局部等电位端子箱	LEB	信号箱	SB
电源切换箱	TB	动力配电箱	PB	应急动力配电箱	EPB
控制箱、操作箱	CB	照明配电箱	LB	应急照明配电箱	ELB
电度表箱	WB	仪表箱	IB	电动机启动器	MS
星—三角启动器	SDS	自耦降压启动器	SAT	软启动器	ST
烘手器	HDR				

12. 弱电设备辅助文字符号

弱电设备辅助文字符号,见表2-12。

表 2-12　弱电设备辅助文字符号

名称	文字符号	名称	文字符号	名称	文字符号
直接数字控制器	DDC	建筑设备监控系统设备箱	BAS	广播系统设备箱	BC
会议系统设备箱	CF	安防系统设备箱	SC	网络系统设备箱	NT
电话系统设备箱	TP	电视系统设备箱	TV	家居配线箱	HD
家居控制器	HC	家居配电箱	HE	解码器	DEC
视频服务器	VS	操作键盘	KY	机顶盒	STB
音量调节器	VAD	门禁控制器	DC	视频分配器	VD
视频顺序切换器	VS	视频补偿器	VA	时间信号发生器	TG
计算机	CPU	数字硬盘录像机	DVR	解调器	DEM
调制器	MO	调制解调器	MOD		

13. 电气设备常用的标注方法

电气设备的标注方法,见表 2-13。

表 2-13　电气设备常用的标注方法

序号	标注方式	说明
1	$\dfrac{a}{b}$	用电设备标注 a—参照代号 b—额定容量(kW 或 kVA)
2	$-a + b/c$ 注 1	系统图电气箱(柜、屏)标注 a—参照代号 b—位置信息 c—型号
3	$-a$ 注 1	平面图电气箱(柜、屏)标注 a—参照代号
4	$a\ b/c\ d$	照明、安全、控制变压器标注 a—参照代号 b/c——次电压/二次电压 d—额定容量
5	$a - b\dfrac{c \times d \times L}{e}f$ 注 2	灯具标注 a—数量 b—型号 c—每盏灯具的光源数量 d—光源安装容量 e—安装高度(m) "一"表示吸顶安装 L—光源种类, f—安装方式,
6	$\dfrac{a \times b}{c}$	电缆梯架、托盘和槽盒标注 a—宽度(mm) b—高度(mm) c—安装高度(m)
7	$a/b/c$	光缆标注 a—型号 b—光纤芯数 c—长度

序号	标 注 方 式	说　　明
8	a b−c(d×e+f×g)i−jh 注3	线缆的标注 a—参照代号 b—型号 c—电缆根数 d—相导体根数 e—相导体截面(mm²) f—N、PE 导体根数 g—N、PE 导体截面(mm²) i—敷设方式和管径(mm)， j—敷设部位， h—安装高度(m)
9	a−b(c×2×d)e−f	电话线缆的标注 a—参照代号 b—型号 c—导体对数 d—导体直径(mm) e—敷设方式和管径(mm)， f—敷设部位，

14. 设备端子和导体的标志和标识

设备端子和导体的标志和标识，见表 2-14。

表 2-14　设备端子和导体的标志和标识

序号	导体		文字符号	
			设备端子标志	导体和导体终端标识
1	交流导体	第 1 线	U	L1
		第 2 线	V	L2
		第 3 线	W	L3
		中性导体	N	N
2	直流导体	正极	+ 或 C	L⁺
		负极	− 或 D	L⁻
		中间点导体	M	M
3	保护导体		PE	PE
4	PEN 导体		PEN	PEN

15. 电气设备常用的参照代号

电气设备常用的参照代号，见表 2-15。

表 2-15　电气设备常用的参照代号

项目种类	设备、装置和元件名称	参照代号的字母代码	
		主类代码	含子类代码
两种或两种以上的用途或任务	35kV 开关柜	A	AH
	20kV 开关柜		AJ
	10kV 开关柜		AK

续表

项目种类	设备、装置和元件名称	参照代号的字母代码	
		主类代码	含子类代码
两种或两种以上的用途或任务	6kV 开关柜	A	—
	低压配电柜		AN
	并联电容器箱(柜、屏)		ACC
	直流配电箱(柜、屏)		AD
	保护箱(柜、屏)		AR
	电能计量箱(柜、屏)		AM
	信号箱(柜、屏)		AS
	电源自动切换箱(柜、屏)		AT
	动力配电箱(柜、屏)		AP
	应急动力配电箱(柜、屏)		APE
	控制、操作箱(柜、屏)		AC
	励磁箱(柜、屏)		AE
	照明配电箱(柜、屏)		AL
	应急照明配电箱(柜、屏)		ALE
	电度表箱(柜、屏)		AW
	弱电系统设备箱(柜、屏)		—
把某一输入变量(物理性质、条件或事件)转换为供进一步处理的信号	热过载继电器	B	BB
	保护继电器		BB
	电流互感器		BE
	电压互感器		BE
	测量继电器		BE
	测量电阻(分流)		BE
	测量变送器		BE
	气表、水表		BF
	差压传感器		BF
	流量传感器		BF
	接近开关、位置开关		BG
	接近传感器		BG
	时钟、计时器		BK
	湿度计、湿度测量传感器		BM
	压力传感器		BP
	烟雾(感烟)探测器		BR
	感光(火焰)探测器		BR
	光电池		BR
	速度计、转速计		BS

项目种类	设备、装置和元件名称	参照代号的字母代码	
		主类代码	含子类代码
把某一输入变量（物理性质、条件或事件）转换为供进一步处理的信号	速度变换器	B	BS
	温度传感器、温度计		BT
	麦克风		BX
	视频摄像机		BX
	火灾探测器		—
	气体探测器		
	测量变换器		
	位置测量传感器		BG
	液位测量传感器		BL
材料、能量或信号的存储	电容器	C	CA
	线圈		CB
	硬盘		CF
	存储器		CF
	磁带记录仪、磁带机		CF
	录像机		CF
提供辐射能或热能	白炽灯、荧光灯	E	EA
	紫外灯		EA
	电炉、电暖炉		EB
	电热、电热丝		EB
	灯、灯泡		—
	激光器		
	发光设备		
	辐射器		
直接防止（自动）能量流、信息流、人身或设备发生危险的或意外的情况，包括用于防护的系统和设备	热过载释放器	F	FD
	熔断器		FA
	安全栅		FC
	电涌保护器		FC
	接闪器		FE
	接闪杆		FE
	保护阳极（阴极）		FR
启动能量流或材料流，产生用作信息载体或参考源的信号。生产一种新能量、材料或产品	发电机	G	GA
	直流发电机		GA
	电动发电机组		GA
	柴油发电机组		GA
	蓄电池、干电池		GB

续表

项目种类	设备、装置和元件名称	参照代号的字母代码	
		主类代码	含子类代码
启动能量流或材料流，产生用作信息载体或参考源的信号。生产一种新能量、材料或产品	燃料电池	G	GB
	太阳能电池		GC
	信号发生器		GF
	不间断电源		GU
处理（接收、加工和提供）信号或信息（用于防护的物体除外，见 F 类）	继电器	K	KF
	时间继电器		KF
	控制器（电、电子）		KF
	输入、输出模块		KF
	接收机		KF
	发射机		KF
	光耦器		KF
	控制器（光、声学）		KG
	阀门控制器		KH
	瞬时接触继电器		KA
	电流继电器		KC
	电压继电器		KV
	信号继电器		KS
	瓦斯保护继电器		KB
	压力继电器		KPR
提供驱动用机械能（旋转或线性机械运动）	电动机	M	MA
	直线电动机		MA
	电磁驱动		MB
	励磁线圈		MB
	执行器		ML
	弹簧储能装置		ML
提供信息	打印机	P	PF
	录音机		PF
	电压表		PV
	告警灯、信号灯		PG
	监视器、显示器		PG
	LED（发光二极管）		PG
	铃、钟		PB
	计量表		PG
	电流表		PA
	电度表		PJ

项目种类	设备、装置和元件名称	参照代号的字母代码	
		主类代码	含子类代码
提供信息	时钟、操作时间表	P	PT
	无功电度表		PJR
	最大需用量表		PM
	有功功率表		PW
	功率因数表		PPF
	无功电流表		PAR
	(脉冲)计数器		PC
	记录仪器		PS
提供信息	频率表	P	PF
	相位表		PPA
	转速表		PT
	同位指示器		PS
	无色信号灯		PG
	白色信号灯		PGW
	红色信号灯		PGR
	绿色信号灯		PGG
	黄色信号灯		PGY
	显示器		PC
	温度计、液位计		PG
受控切换或改变能量流、信号流或材料流(对于控制电路中的信号,见K类和S类)	断路器	Q	QA
	接触器		QAC
	晶闸管、电动机启动器		QA
	隔离器、隔离开关		QB
	熔断器式隔离器		QB
	熔断器式隔离开关		QB
	接地开关		QC
	旁路断路器		QD
	电源转换开关		QCS
	剩余电流保护断路器		QR
	软启动器		QAS
	综合启动器		QCS
	星—三角启动器		QSD
	自耦降压启动器		QTS
	转子变阻式启动器		QRS

续表

项目种类	设备、装置和元件名称	参照代号的字母代码	
		主类代码	含子类代码
限制或稳定能量、信息或材料的运动或流动	电阻器、二极管	R	RA
	电抗线圈		RA
	滤波器、均衡器		RF
	电磁锁		RL
	限流器		RN
	电感器		—
把手动操作转变为进一步处理的特定信号	控制开关	S	SF
	按钮开关		SF
	多位开关(选择开关)		SAC
	启动按钮		SF
	停止按钮		SS
	复位按钮		SR
	试验按钮		ST
	电压表切换开关		SV
	电流表切换开关		SA
保持能量性质不变的能量变换,已建立的信号保持信息内容不变的变换,材料形态或形状的变换	变频器、频率转换器	T	TA
	电力变压器		TA
	DC/DC 转换器		TA
	整流器、AC/DC 变换器		TB
	天线、放大器		TF
	调制器、解调器		TF
	隔离变压器		TF
	控制变压器		TC
	整流变压器		TR
	照明变压器		TL
	有载调压变压器		TLC
	自耦变压器		TT
保护物体在一定的位置	支柱绝缘子	U	UB
	强电梯架、托盘和槽盒		UB
	瓷瓶		UB
	弱电梯架、托盘和槽盒		UG
	绝缘子		—
从一地到另一地导引或输送能量、信号、材料或产品	高压母线、母线槽	W	WA
	高压配电线缆		WB
	低压母线、母线槽		WC

项目种类	设备、装置和元件名称	参照代号的字母代码	
		主类代码	含子类代码
从一地到另一地导引或输送能量、信号、材料或产品	低压配电线缆	W	WD
	数据总线		WF
	控制电缆、测量电缆		WG
	光缆、光纤		WH
	信号线路		WS
	电力(动力)线路		WP
	照明线路		WL
	应急电力(动力)路线		WPE
	应急照明线路		WLE
	滑触线		WT
连接物	高压端子、接线盒	X	XB
	高压电缆头		XB
	低压端子、端子板		XD
	过路接线盒、接线端子箱		XD
	低压电缆头		XD
	插座、插座箱		XD
	接地端子、屏蔽接地端子		XE
	信号分配器		XG
	信号插头连接器		XG
	(光学)信号连接		XH
	连接器		—
	插头		

16. 信号灯和按钮的颜色标识

信号灯和按钮的颜色标识,见表 2-16 ~ 表 2-17。

表 2-16　信号灯和按钮的颜色标识

名　　称	颜　色　标　识	
状态	颜色	备注
危险指示	红色(RD)	—
事故跳闸		
重要的服务系统停机		
起重机停止位置超行程		
辅助系统的压力/温度超出安全极限		
警告指示	黄色(YE)	
高温报警		
过负荷		
异常指示		
安全指示	绿色(GN)	

名　　称	颜　色　标　识	
正常指示	绿色(GN)	核准继续运行
正常分闸(停机)指示		设备在安全状态
弹簧储能完毕指示		
电动机降压启动过程指示	蓝色(BU)	
开关的合(分)或运行指示	白色(WH)	单灯指示开关运行状态； 双灯指示开关合时运行状态

表 2-17　按钮的颜色标识

名　　称	颜　色　标　识
紧停按钮	红色(RD)
正常停和紧停合用按钮	
危险状态或紧急指令	
合闸(开机)(启动)按钮	绿色(GN)、白色(WH)
分闸(停机)按钮	红色(RD)、黑色(BK)
电动机降压启动结束按钮	白色(WH)
复位按钮	
弹簧储能按钮	蓝色(BU)
异常、故障状态	黄色(YE)
安全状态	绿色(GN)

17. 导体的颜色标识

导体的颜色标识,见表2-18。

表 2-18　导体的颜色标识

导　体　名　称	颜　色　标　识
交流导体的第1线	黄色(YE)
交流导体的第2线	绿色(GN)
交流导体的第3线	红色(RD)
中性导体 N	淡蓝色(BU)
保护导体 PE	绿/黄双色(GNYE)
PEN 导体	全长绿/黄双色(CNYE),终端另用淡蓝色(BU) 标志或全长淡蓝色(BU),终端另用绿/ 黄双色(GNYE)标志
直流导体的正极	棕色(BN)
直流导体的负极	蓝色(BU)
直流导体的中间点导体	淡蓝色(BU)

2.1.2　暖通空调施工图常用图形符号

1)水、汽管道

（1）水、汽管道可用线型区分，也可用代号区分。水、汽管道代号应符合表2-19的规定。

表2-19　水、汽管道代号

序号	代号	管道名称	备注
1	RG	采暖热水供水管	可附加1、2、3等表示一个代号、不同参数的多种管道
2	RH	采暖热水回水管	可通过实线、虚线表示供、回关系省略字母G、H
3	LG	空调冷水供水管	—
4	LH	空调冷水回水管	—
5	KRG	空调热水供水管	—
6	KRH	空调热水回水管	—
7	LRG	空调冷、热水供水管	—
8	LRH	空调冷、热水回水管	—
9	LQG	冷却水供水管	—
10	LQH	冷却水回水管	—
11	n	空调冷凝水管	—
12	PZ	膨胀水管	—
13	BS	补水管	—
14	X	循环管	—
15	LM	冷媒管	—
16	YG	乙二醇供水管	—
17	YH	乙二醇回水管	—
18	BG	冰水供水管	—
19	BH	冰水回水管	—
20	ZG	过热蒸汽管	—
21	ZB	饱和蒸汽管	可附加1、2、3等表示一个代号、不同参数的多种管道
22	Z2	二次蒸汽管	—
23	N	凝结水管	—
24	J	给水管	—
25	SR	软化水管	—
26	CY	除氧水管	—
27	GG	锅炉进水管	—
28	JY	加药管	—
29	YS	盐溶液管	—
30	XI	连续排污管	—
31	XD	定期排污管	—
32	XS	泄水管	—
33	YS	溢水（油）管	—
34	R_1G	一次热水供水管	—
35	R_1H	一次热水回水管	—
36	F	放空管	—
37	FAQ	安全阀放空管	—
38	O1	柴油供油管	—

序号	代号	管 道 名 称	备 注
39	O2	柴油回油管	—
40	OZ1	重油供油管	—
41	OZ2	重油回油管	—
42	OP	排油管	—

（2）自定义水、汽管道代号不应与表 2-19 的规定矛盾，并应在相应图面说明。

（3）水、汽管道阀门和附件的图例应符合表 2-20 的规定。

表 2-20 水、汽管道阀门和附件图例

序号	名 称	图 例	备 注
1	截止阀		—
2	闸阀		—
3	球阀		—
4	柱塞阀		—
5	快开阀		—
6	蝶阀		
7	旋塞阀		—
8	止回阀		
9	浮球阀		—
10	三通阀		—
11	平衡阀		—
12	定流量阀		—
13	定压差阀		—
14	自动排气阀		—
15	集气罐、放气阀		—
16	节流阀		—
17	调节止回关断阀		水泵出口用

续表

序号	名　称	图　例	备　注
18	膨胀阀		—
19	排入大气或室外		—
20	安全阀		—
21	角阀		—
22	底阀		—
23	漏斗		—
24	地漏		—
25	明沟排水		—
26	向上弯头		—
27	向下弯头		—
28	法兰封头或管封		—
29	上出三通		—
30	下出三通		—
31	变径管		—
32	活接头或法兰连接		—
33	固定支架		—
34	导向支架		—
35	活动支架		—
36	金属软管		—
37	可屈挠橡胶软接头		—

续表

序号	名　称	图　例	备　注
38	Y形过滤器		—
39	疏水器		—
40	减压阀		左高右低
41	直通型（或反冲型）除污器		—
42	除垢仪	**E**	—
43	补偿器		—
44	矩形补偿器		—
45	套管补偿器		—
46	波纹管补偿器		—
47	弧形补偿器		—
48	球形补偿器		—
49	伴热管		—
50	保护套管		—
51	爆破膜		—
52	阻火器		—
53	节流孔板、减压孔板		—
54	快速接头		—
55	介质流向	→　或	在管道断开处时,流向符号宜标注在管道中心线上,其余可同管径标注位置
56	坡度及坡向	$i=0.003$　或　$i=0.003$	坡度数值不宜与管道起、止点标高同时标注。标注位置同管径标注位置

2)风道

(1)风道代号应符合表2-21的规定。

表 2-21　风道代号

序号	代　号	管　道　名　称	备　　注
1	SF	送风管	—
2	HF	回风管	一、二次回风可附加 1、2 区别
3	PF	排风管	—
4	XF	新风管	—
5	PY	消防排烟风管	—
6	ZY	加压送风管	—
7	P(Y)	排风排烟兼用风管	—
8	XB	消防补风管	—
9	S(B)	送风兼消防补风管	—

（2）自定义风道代号不应与表 2-21 的规定矛盾,并应在相应图面说明。

（3）风道、阀门及附件的图例应符合表 2-22 和表 2-23 的规定。

表 2-22　风道、阀门及附件图例

序号	名　　称	图　　例	备　　注
1	矩形风管	***×***	宽×高(mm)
2	圆形风管	φ***	φ 直径(mm)
3	风管向上		—
4	风管向下		—
5	风管上升摇手弯		—
6	风管下降摇手弯		—
7	天圆地方		左接矩形风管,右接圆形风管
8	软风管		
9	圆弧形弯头		
10	带导流片的矩形弯头		
11	消声器		

续表

序号	名　　称	图　　例	备　　注
12	消声弯头		—
13	消声静压箱		—
14	风管软接头		—
15	对开多叶调节风阀		—
16	蝶阀		—
17	插板阀		—
18	止回风阀		—
19	余压阀	DPV　　DPV	—
20	三通调节阀		—
21	防烟、防火阀	＊＊＊　　＊＊＊	＊＊＊表示防烟、防火阀名称代号,代号说明另见附录 A 防烟、防火阀功能表
22	方形风口		—
23	条缝形风口		—
24	矩形风口		—

序号	名 称	图 例	备 注
25	圆形风口		—
26	侧面风口		—
27	防雨百叶		—
28	检修门	J J	—
29	气流方向		左为通用表示法,中表示送风,右表示回风
30	远程手控盒	B	防排烟用
31	防雨罩	↑	

表 2-23　风口和附件代号

序号	代号	图 例	备 注
1	AV	单层格栅风口,叶片垂直	—
2	AH	单层格栅风口,叶片水平	—
3	BV	双层格栅风口,前组叶片垂直	—
4	BH	双层格栅风口,前组叶片水平	—
5	C*	矩形散流器,*为出风面数量	—
6	DF	圆形平面散流器	—
7	DS	圆形凸面散流器	—
8	DP	圆盘形散流器	—
9	DX*	圆形斜片散流器,*为出风面数量	—
10	DH	圆环形散流器	—
11	E*	条缝形风口,*为出风数量	—
12	F*	细叶形斜出风散流器,*为出风面数量	—
13	FH	门铰形细叶回风口	—
14	G	扁叶形直出风散流器	—
15	H	百叶回风口	—
16	HH	门铰形百叶回风口	—
17	J	喷口	—
18	SD	旋流风口	—
19	K	蛋格形风口	—
20	KH	门铰形蛋格式回风口	—
21	L	花板回风口	—
22	CB	自垂百叶	—
23	N	防结露送风口	冠于所用类型风口代号前
24	T	低温送风口	冠于所用类型风口代号前

序号	代号	图　　例	备　　注
25	W	防雨百叶	—
26	B	带风口风箱	—
27	D	带风阀	—
28	F	带过滤网	—

3)暖通空调设备

暖通空调设备的图例应符合表 2-24 的规定。

表 2-24　暖通空调设备图例

序号	名称	图　　例	备　　注
1	散热器及手动放气阀		左为平面图画法,中为剖面图画法,右为系统图(Y 轴侧)画法
2	散热器及温控阀		—
3	轴流风机		—
4	轴(混)流式管道风机		—
5	离心式管道风机		—
6	吊顶式排气扇		—
7	水泵		—
8	手摇泵		—
9	变风量末端		—
10	空调机组加热、冷却盘管		从左到右分别为加热、冷却及双功能盘管
11	空气过滤器		从左至右分别为粗效、中效及高效
12	挡水板		—
13	加湿器		—
14	电加热器		—
15	板式换热器		—
16	立式明装风机盘管		—
17	立式暗装风机盘管		—

续表

序号	名称	图　　例	备　　注
18	卧式明装风机盘管		—
19	卧式暗装风机盘管		—
20	窗式空调器		—
21	分体空调器	室内机　室外机	—
22	射流诱导风机		—
23	减振器		左为平面图画法,右为剖面图画法

4)调控装置及仪表

调控装置及仪表的图例应符合表 2-25 的规定。

表 2-25　调控装置及仪表图例

序号	名　　称	图　　例
1	温度传感器	T
2	湿度传感器	H
3	压力传感器	P
4	压差传感器	ΔP
5	流量传感器	F
6	烟感器	S
7	流量开关	FS
8	控制器	C
9	吸顶式温度感应器	T
10	温度计	
11	压力表	
12	流量计	F.M
13	能量计	E.M

续表

序号	名　　称	图　　例
14	弹簧执行机构	
15	重力执行机构	
16	记录仪	
17	电磁(双位)执行机构	
18	电动(双位)执行机构	
19	电动(调节)执行机构	
20	气动执行机构	
21	浮力执行机构	
22	数字输入量	DI
23	数字输出量	DO
24	模拟输入量	AI
25	模拟输出量	AO

注:各种执行机构可与风阀、水阀组合表示相应功能的控制阀门。

2.1.3　给水排水工程施工图常用图形符号

1)管道类别应以汉语拼音字母表示,管道图例宜符合表 2-26 的要求。

表 2-26　管　道

序号	名称	图　　例	备　　注
1	生活给水管	—— J ——	—
2	热水给水管	—— RJ ——	—
3	热水回水管	—— RH ——	—
4	中水给水管	—— ZJ ——	—
5	循环冷却给水管	—— XJ ——	—
6	循坏冷却回水管	—— XH ——	—
7	热媒给水管	—— RM ——	—
8	热媒回水管	—— RMH ——	—
9	蒸汽管	—— Z ——	—
10	凝结水管	—— N ——	—
11	废水管	—— F ——	可与中水原水管合用
12	压力废水管	—— YF ——	—
13	通气管	—— T ——	—
14	污水管	—— W ——	—
15	压力污水管	—— YW ——	—
16	雨水管	—— Y ——	—

续表

序号	名称	图例	备注
17	压力雨水管	—— YY ——	—
18	虹吸雨水管	—— HY ——	—
19	膨胀管	—— PZ ——	—
20	保温管	〜〜〜	也可用文字说明保温范围
21	伴热管	----	也可用文字说明保温范围
22	多孔管		—
23	地沟管		—
24	防护套管		—
25	管道立管	XL-1 平面　XL-1 系统	X 为管道类别 L 为立管 1 为编号
26	空调凝结水管	—— KN ——	—
27	排水明沟	坡向 →	—
28	排水暗沟	坡向 →	—

注:1. 分区管道用加注角标方式表示;
　　2. 原有管线可用比同类型的新设管线细一级的线型表示,并加斜线,拆除管线则加叉线。

2)管道附件的图例宜符合表2-27的要求。

表2-27　管道附件

序号	名称	图例	备注
1	管道伸缩器		—
2	方形伸缩器		—
3	刚性防水套管		
4	柔性防水套管		
5	波纹管	—XXX—	
6	可曲挠橡胶接头	单球　双球	
7	管道固定支架	—*—*—	
8	立管检查口		
9	清扫口	平面　系统	
10	通气帽	成品　蘑菇形	—

续表

序号	名称	图　　例	备　　注
11	雨水斗	YD— 　　YD— 平面　　系统	—
12	排水漏斗	平面　　系统	—
13	圆形地漏	平面　　系统	通用。如无水封,地漏应加存水管
14	方形地漏	平面　　系统	—
15	自动冲洗水箱		—
16	挡墩		—
17	减压孔板		—
18	Y 形除污器		—
19	毛发聚集器	平面　　系统	—
20	倒流防止器		—
21	吸气阀		—
22	真空破坏器		—
23	防虫网罩		—
24	金属软管		—

3)管道连接的图例宜符合表 2-28 的要求。

表 2-28　管道连接

序号	名称	图　　例	备　　注
1	法兰连接		—
2	承插连接		—
3	活接头		—
4	管堵		—

序号	名称	图　　例	备　　注
5	法兰堵盖		—
6	盲板		—
7	弯折管	高　低　　低　高	—
8	管道丁字上接	高／低	—
9	管道丁字下接	高／低	—
10	管道交叉	低／高	在下面和后面的管道应断开

4）管件的图例宜符合表2-29的要求。

表2-29　管　件

序号	名　　　称	图　　　例
1	偏心异径管	
2	同心异径管	
3	乙字管	
4	喇叭口	
5	转动接头	
6	S形存水弯	
7	P形存水弯	
8	90°弯头	
9	正三通	
10	TY三通	
11	斜三通	
12	正四通	
13	斜四通	
14	浴盆排水管	

5）阀门的图例宜符合表2-30的要求。

表 2-30 阀 门

序号	名称	图 例	备 注
1	闸阀		—
2	角阀		—
3	三通阀		—
4	四通阀		—
5	截止阀		—
6	蝶阀		—
7	电动闸阀		—
8	液动闸阀		—
9	气动闸阀		—
10	电动蝶阀		—
11	液动蝶阀		—
12	气动蝶阀		—
13	减压阀		左侧为高压端
14	旋塞阀	平面　　系统	—
15	底阀	平面　　系统	—
16	球阀		—
17	隔膜阀		—
18	气开隔膜阀		—
19	气闭隔膜阀		—
20	电动隔膜阀		—

续表

序号	名称	图　　例	备　　注
21	温度调节阀		—
22	压力调节阀		—
23	电磁阀	M	—
24	止回阀		—
25	消声止回阀		—
26	持压阀	C	—
27	泄压阀		—
28	弹簧安全阀		左侧为通用
29	平衡锤安全阀		—
30	自动排气阀	平面　　系统	—
31	浮球阀	平面　　系统	—
32	水力液位控制阀	平面　　系统	—
33	延时自闭冲洗阀		—
34	感应式冲洗阀		—
35	吸水喇叭口	平面　　系统	—
36	疏水器		—

6) 给水配件的图例宜符合表 2-31 的要求。

表 2-31　给水配件

序号	名　　称	图　　例
1	水嘴	平面　　系统
2	皮带水嘴	平面　　系统
3	洒水（栓）水嘴	
4	化验水嘴	
5	肘式水嘴	
6	脚踏开关水嘴	
7	混合水嘴	
8	旋转水嘴	
9	浴盆带喷头混合水嘴	
10	蹲便器脚踏开关	

7) 消防设施的图例宜符合表 2-32 的要求。

表 2-32　消防设施

序号	名称	图　　例	备　　注
1	消火栓给水管	——XH——	—
2	自动喷水灭火给水管	——ZP——	—
3	雨淋灭火给水管	——YL——	—
4	水幕灭火给水管	——SM——	—
5	水炮灭火给水管	——SP——	—
6	室外消火栓		—
7	室内消火栓（单口）	平面　　系统	白色为开启面
8	室内消火栓（双口）	平面　　系统	
9	水泵接合器		—
10	自动喷洒头（开式）	平面　　系统	

序号	名称	图　　例	备　　注
11	自动喷洒头（闭式）	平面　　系统	下喷
12	自动喷洒头（闭式）	平面　　系统	上喷
13	自动喷洒头（闭式）	平面　　系统	上下喷
14	侧墙式自动喷洒头	平面　　系统	—
15	水喷雾喷头	平面　　系统	—
16	直立型水幕喷头	平面　　系统	—
17	下垂型水幕喷头	平面　　系统	—
18	干式报警阀	平面　　系统	—
19	湿式报警阀	平面　　系统	—
20	预作用报警阀	平面　　系统	—
21	雨淋阀	平面　　系统	—
22	信号闸阀		—
23	信号蝶阀		—
24	消防炮	平面　　系统	—

续表

序号	名称	图　　例	备　　注
25	水流指示器		—
26	水力警铃		—
27	末端试水装置	平面　　系统	
28	手提式灭火器		
29	推车式灭火器		

注:1. 分区管道用加注角标方式表示;
　2. 建筑灭火器的设计图例可按现行国家标准《建筑灭火器配置设计规范》(GB 50140—2005)的规定确定。

8)卫生设备及水池的图例宜符合表 2-33 的要求。

表 2-33　卫生设备及水池

序号	名称	图　　例	备　　注
1	立式洗脸盆		—
2	台式洗脸盆		—
3	挂式洗脸盆		—
4	浴盆		—
5	化验盆、洗涤盆		—
6	厨房洗涤盆		不锈钢制品
7	带沥水板洗涤盆		—
8	盥洗槽		—
9	污水池		—
10	妇女净身盆		
11	立式小便器		—

续表

序号	名称	图 例	备 注
12	壁挂式小便器		—
13	蹲式大便器		—
14	坐式大便器		—
15	小便槽		—
16	淋浴喷头		—

注:卫生设备图例也可以建筑专业资料图为准。

9)小型给水排水构筑物的图例宜符合表2-34 的要求。

表 2-34　小型给水排水构筑物

序号	名称	图 例	备 注
1	矩形化粪池	HC	HC 为化粪池
2	隔油池	YC	YC 为隔油池代号
3	沉淀池	CC	CC 为沉淀池代号
4	降温池	JC	JC 为降温池代号
5	中和池	ZC	ZC 为中和池代号
6	雨水口(单算)		
7	雨水口(双算)		—
8	阀门并及检查井	J-×× W-×× Y-×× 　 J-×× W-×× Y-××	以代号区别管道
9	水封井		—
10	跌水井		—
11	水表井		—

10)给水排水设备的图例宜符合表2-35 的要求。

表 2-35　给水排水设备

序号	名称	图　　例	备　　注
1	卧式水泵	平面　　系统	—
2	立式水泵	平面　　系统	—
3	潜水泵		—
4	定量泵		—
5	管道泵		—
6	卧式容积热交换器		
7	立式容积热交换器		
8	快速管式热交换器		
9	板式热交换器		—
10	开水器		—
11	喷射器		小三角为进水端
12	除垢器		—
13	水锤消除器		—
14	搅拌器		—
15	紫外线消毒器	ZWX	—

11）给水排水专业所用仪表得的图例宜符合表 2-36 的要求。

表 2-36　仪　表

序号	名称	图例	备注
1	温度计		—
2	压力表		—
3	自动记录压力表		—
4	压力控制器		—
5	水表		—
6	自动记录流量表		—
7	转子流量计	平面　系统	—
8	真空表		—
9	温度传感器	T	—
10	压力传感器	P	—
11	pH 传感器	pH	—
12	酸传感器	H	—
13	碱传感器	Na	—
14	余氯传感器	Cl	—

12)《建筑给水排水制图标准》(GB/T 50106—2010)未列出的管道、设备、配件等图例,设计人员可自行编制并作说明,但不得与《建筑给水排水制图标准》(GB/T 50106—2010)相关图例重复或混淆。

2.2　建筑给水排水施工图识读

2.2.1　给水排水施工图识读

1. 给水排水平面图的表达

1)给水排水平面图的表达内容

(1)给水排水平面图的基本图纸。

(2)给水排水平面图的图示特点:比例、给水排水平面图的数量和表达范围。

(3)房屋平面图。

（4）卫生器具平面图。

（5）尺寸和标高。

2）给水排水平面图的画图步骤

绘制给水排水施工图一般都先画给水排水平面图。给水排水平面图的画图步骤，见表 2-37。

表 2-37　给水排水平面图的画图步骤

项目	内　　　容
步骤一	先画底层给水排水平面图，再画楼层给水排水平面图
步骤二	在画每一层给水排水平面图时，先抄绘房屋平面图和卫生器具平面图（因这都已在建筑平面图上布置好了），再画管道布置，最后标注尺寸、标高、文字说明等
步骤三	抄绘房屋平面图的步骤与画建筑平面图一样，先画轴线、再画墙体和门窗洞，最后画其他构配件
步骤四	画管路布置时，先画立管，再画引入管和排水管，最后按水流方向画出横支管和附件。给水管一般至各卫生设备的放水龙头或冲洗水箱的支管接口；排水管一般至各设备的污、废水的排泄口

2. 给水排水系统图的表达

1）给水排水系统图的表达内容

给水排水系统图的表达内容，见表 2-38。

表 2-38　给水排水系统图的表达内容

项目	内　　　容
给水排水系统图	给水排水平面图主要显示室内给水排水设备的水平安排和布置，而连接各管路的管道系统因其在空间转折较多、上下交叉重叠，往往在平面图中无法完整且清楚地表达，因此，需要一个同时能反映空间三个方向的图来表示。这种图被称为给水排水系统图（或称管系轴测图）。给水排水系统图能反映各管道系统的管道空间走向和各种附件在管道上的位置
给水排水系统图的图示特点	1）比例。一般采用与给水排水平面图相同的比例 1:100。当管道系统较简单或复杂时，也可采用 1:50 或 1:200，必要时也可不按比例绘制。总之，视具体情况而定，以能清楚表达管路情况为准。 2）轴向和轴向变形系数。为了完整、全面地反映管道系统，故选用能反映三维情况的轴测图来绘制管道系统图。目前我国一般采用正面斜轴测图，即 $O_P X_P$ 轴处于水平位置；$O_P Z_P$ 轴垂直；$O_P Y_P$ 轴一般与水平线组成 45°的夹角（有时也可为 30°或 60°），如图 2-1 所示。三轴的轴向变形系数 $p_x = p_y = p_z = 1$。管道系统图的轴向要与管道平面图的轴向一致，也就是说 $O_P X_P$ 轴与管道平面图的水平方向一致，$O_P Z_P$ 轴与管道平面图的水平方向垂直。 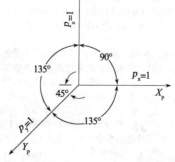<p align="center">图 2-1　三等正面斜轴测图</p>根据正面斜轴测图的性质，在管道系统图中，与轴测轴或 $X_P O_P Z_P$ 坐标平面平行的管道均反映实长，与轴测轴或 $X_P O_P Z_P$ 坐标平面不平行的管道均不反映实长。所以，作图时，这类管路不能直接画出。为此，可用坐标定位法。即将管段起、止两个端点的位置，分别按其空间坐标在轴测图上一一定位，然后连接两个端点即可

项目	内　　　容
管道系统	各给水排水系统图的编号应与底层给水排水平面图中相应的系统编号相同。 　给水排水系统图一般应按系统分别绘制,这样可避免过多的管道重叠和交叉,但当管道系统简单时,有时可画在一起。 　管道的画法与给水排水平面图一样,用各种线型来表示各个系统。管道附件及附属构筑物也都用图例表示(参见表2-27)。当空间交叉的管道在图中相交时,应鉴别其可见性,可见管道画成连续,不可见管道在相交处断开。当管道被附属构筑物等遮挡时,可用虚线画出,此虚线粗度应与可见管道相同,但分段比表示污、废水管的线型短些,以示区别。 　在给水排水系统图中,当管道过于集中,无法画清楚时,可将某些管道断开,移至别处画出,并在断开处用细点画线(0.25b)连接。 　在排水系统图上,可用相应图例画出用水设备上的存水弯管、地漏或连接支管等。排水横管虽有坡度,但由于比例较小,不易画出坡降,故可仍画成水平管路。所有卫生设备或用水器具,已在平面布置图中表达清楚,故在排水系统图中就没有必要再予画出
房屋构件位置的表示	为了反映管道与房屋的联系,在给水排水系统图中还要画出被管道穿过的墙、梁、地面、楼面和屋面的位置,其表示方法如图2-2所示。这些构件的图线均用细线(0.25b)画出,中间画斜向图例线。如不画图例线时,也可在描图纸背面,以彩色铅笔涂以蓝色或红色,使其在晒成蓝图后增深其色泽而使阅图醒目 图2-2　管道系统图中房屋构件的画法
管径、坡度、标高	管道系统中所有管段的直径、坡度和标高均应标注在给水排水系统图上。 　1)各管段的直径可直接标注在该管段旁边或引出线上。管径尺寸应以 mm 为单位。给水管径的标注水管和排水管均需标注"公称直径",在管径数字前应加以代号"DN",如 DN50 表示公称直径为50mm。 　2)给水系统的管路因为是压力流,当不设置坡度时,可不标注坡度。排水系统的管路一般都是重力流,所以在排水横管的旁边都要标注坡度,坡度可注在管段旁边或引出线上,在坡度数字前须加代号"i",数字下边再以箭头以示坡向(指向下游),如 $i=0.05$。当污、废水管的横管采用标准坡度时,在图中可省略不注,而在施工说明中写明即可。 　3)标高应以 m 为单位,宜注写到小数点后第三位。 　(1)室内工程应标注相对标高;室外工程宜标注绝对标高,当无绝对标高资料时,可标注相对标高,但应与总图专业一致。管道系统图中标注的标高都是相对标高,即以底层室内地面作为标高 ±0.000m。在给水系统图中,标高以管中心为准,一般要求注出横管、阀门、放水龙头、水箱等各部位的标高。在污、废水管道系统图中,横管的标高以管底为准,一般只标注立管上的通气网罩、检查口和排出管的起点标高,其他污、废水横管的标高一般由卫生器具的安装高度和管件的尺寸所决定,所以不必标注。 　(2)当有特殊要求时,亦应注出其横管的起点标高。此外,还要标注室内地面、室外地面、各层楼面和屋面等的标高
图例	给水排水平面图和给水排水系统图应统一列出图例,其大小要与图中的图例大小相同

2）给水排水系统图的画图步骤

给水排水系统图的画图步骤，见表2-39。

表2-39　给水排水系统图的画图步骤

项目	内　　　　容
步骤一	为使各层给水排水平面图和给水排水系统图容易对照和联系起见，在布置图幅时，将各管路系统中的立管穿越相应楼层的楼地面线，如有可能尽量画在同一水平线上
步骤二	先画各系统的立管，定出各层的楼地面线、屋面线，再画给水引入管及屋面水箱的管路；排水管系中接画排出横管、窨井及立管上的检查口和通气帽等
步骤三	从立管上引出各横向的连接管段
步骤四	在横向管段上画出给水管系的截止阀、放水龙头、连接支管、冲洗水箱等；在排水管系中可接画承接支管、存水弯等
步骤五	标注公称直径、坡度、标高、冲洗水箱的容积等数据

2.2.2　室外给水排水施工图识读

1. 室外给水排水总平面图的表达

1）室外给水排水总平面图的表达内容

室外给水排水总平面图主要表示建筑物室内、外管道的连接和室外管道的布置情况。

2）室外给水排水总平面图的图示特点

室外给水排水总平面图的图示特点，见表2-40。

表2-40　室外给水排水总平面图的图示特点

项目	内　　　　容
比例	室外给水排水总平面图主要以能显示清楚该小区范围内的室外管道布置即可，常用1：500～1：2000，视具体需要而定，一般可采用与该区建筑总平面图相同的比例
建筑物及各种附属设施	小区内的房屋、道路、草地、广场、围墙等，均可按建筑总平面图的图例，用0.25b的细实线画出其外框。但在房屋的屋角上，须画上小黑点以表示该建筑物层数，点数即为层数
管道及附属设备	给水管道，污、废水管道，雨水管道均用粗实线（b）绘制，并在其上分别标以J、W、F、Y等字母，以示区别。不过，本书为表达清楚起见，对管道线型规定如下：即给水管道用粗实线（b），污、废水管道用粗虚线（b），雨水管道用粗双点画线（b）表示，附属构筑物都用细线（0.25b）画出。具体不必画出其形体
管径、检查井编号及标高	各种管道的管径均按给水排水系统图图示特点中的第五点所述方法标注，一般标在管道的旁边，当地位有限时，也可用引出线标出。 管道应标注起止点、转角点、连接点、变坡点等处的标高。给水管宜标注管中心标高；排水管道宜标注管内底标高。室外管道应标注绝对标高，当无绝对标高资料时，也可标注相对标高。 由于给水管是压力管，且无坡度，往往沿地面敷设，如在平地中统一埋深时，可在说明中列出给水管管中心的标高。 排水管为简便起见，可在检查井处引一指引线及水平线，水平线上面标以管道种类及编号；水平线下面标以井底标高。检查井编号应按管道的类别分别自编，如污水管代号为"W"；雨水管代号为"Y"。编号顺序可按水流方向，自干管上游编向干管下游，再依次编支管，如Y-4表示4号雨水井，W-1表示1号污水井。 管道及附属构筑物的定位尺寸可以以附近房屋的外墙面为基准注出。对于复杂工程可以用标注建筑坐标来定位
指北针或风玫瑰图	为表示房间的朝向，在给水排水总平面图上应画出指北针（或风玫瑰图）。以细实线（0.25b）画一直径φ24的圆圈，内画三角形指北针（指针尾部宽3mm），以显示该房屋的朝向
图例	在室外给水排水总平面图上，应列出该图所用的所有图例，以便于识读。给水排水工程中的常用图例见表2-26
施工说明	施工说明一般有以下几个内容：标高、尺寸、管径的单位；与室内地面标高±0.000m相当的绝对标高值；管道的设置方式（明装或暗装）；各种管道的材料及防腐、防冻措施；卫生器具的规格，冲洗水箱的容积；检查井的尺寸；所套用的标准图的图号；安装质量的验收标准；其他施工要求等

3）室外给水排水总平面图的画图步骤

室外给水排水总平面图的画图步骤，见表2-41。

表2-41　室外给水排水总平面图的画图步骤

项目	内容
步骤一	若采用与建筑总平面图相同的比例，则可直接描绘建筑总平面图，否则，要按比例把建筑总平面图画出
步骤二	根据底层管道平面图，画出给水系统的引入管和污、废水系统的排出管，并布置道路进水井（雨水井）
步骤三	根据市政部门提供的原有室外给水系统和排水系统的情况，确定给水管线和排水管线
步骤四	画出给水系统的水表、闸阀、排水系统的检查井和化粪池等
步骤五	标出管径和管底的标高，以及管道和附属构筑物的定位尺寸
步骤六	画图例及注写说明

2. 室外给水排水平面图的表达

室外给水排水平面图的表达，见表2-42。

表2-42　室外给水排水平面图的表达

项目	内容
主要内容	表明地形及建筑物、道路、绿化等平面布置及标高状况
布置情况	该区域内新建和原有给水排水管道及设施的平面布置、规格、数量、标高、坡度、流向等
分部表达	当给水排水管道种类繁多、地形复杂时，给水排水管道可分系统绘制或增加局部放大图、纵断面图，使表达的内容清楚

3. 室外管道剖面图的表达

由于整个市区管道种类繁多，布置复杂，因此，应按管道种类分别绘出每一条街道沟管总平面布置图和管道纵剖面图，以显示路面起伏、管道敷设的坡度、埋深和管道交接等情况。

2.2.3　室内给水排水施工图识读

1. 室内给水施工图的表达

1）平面布置图的内容

平面布置图主要表明用水设备的类型、定位，各给水管道（干管、支管、立管、横管）及配件的布置情况。

（1）平面布置图的内容，见表2-43。

表2-43　平面布置图的内容

项目	内容
底层平面图	给水从室外到室内，需要从首层或地下室引入。所以通常应画出用水房间的底层给水管网平面图
楼层平面图	如果各楼层的盥洗用房和卫生设备及管道布置完全相同时，则只需画出一个相同楼层的平面布置图。但在图中必须注明各楼层的层次和标高
屋顶平面图	当屋顶设有水箱及管道布置时，可单独画出屋顶平面图。但如管道布置不太复杂，顶层平面布置图中又有空余图面，与其他设施及管道不致混淆时，则可在最高楼层的平面布置图中，用双点长画线画出水箱的位置；如果屋顶无用水设备时则不必画屋顶平面图
标注	为使土建施工与管道设备的安装能互为核实，在各层的平面布置图上，均需标明墙、柱的定位轴线及其编号并注标轴线间距。管线位置尺寸不标注

（2）平面布置图的画法，见表 2-44。

表 2-44　平面布置图的画法

项目	内　　容
步骤一	通常采用 1:50 或 1:25 的比例和局部放大的方法，画出用水房间的平面图，其中墙身、门窗的轮廓线均用 0.25b 的细实线表示
步骤二	画出卫生设备的平面布置图。各种卫生器具和配水设备均用 0.5b 的中实线，按比例画出其平面图形的轮廓，但不必表达其细部构造及外形尺寸。如有施工和安装上的需要，可标注其定位尺寸
步骤三	画出管道的平面布置图。管道是室内管网平面布置图的主要内容，通常用单粗实线表示。底层平面布置图应画出引入管、下行上给式的水平干管、立管、支管和配水龙头，每层卫生设备平面布置图中的管路，是以连接该层卫生设备的管路为准，而不是以楼地面作为分界线，因此凡是连接某楼层卫生设备的管路，虽然有安装在楼板上面或下面的，但都属于该楼层的管道，所以都要画在该楼层的平面布置图中，不论管道投影的可见性如何，都按该管道系统的线型绘制，管道线仅表示其安装位置，并不表示其具体平面位置尺寸（如与墙面的距离等）

2）管系轴测图

管系轴测图，见表 2-45。

表 2-45　管系轴测图

项目	内　　容
轴向选择	通常把房屋的高度方向作为 OZ 轴，OX 和 OY 轴的选择则以能使图上管道简单明了、避免管道过多交错为原则。由于室内卫生设备多以房屋横向布置，所以应以横向作为 OX 轴，纵向作为 OY 轴。管路在空间长、宽、高三个方向延伸在管系轴测图中分别与相应的轴测轴 X、Y、Z 轴平行，由于三个轴测轴的轴向变形系数均为 1，当平面图与轴测图具有相同的比例时，OX、OY 向可直接从平面图上量取，OZ 向尺寸根据房屋的层高和配水龙头的习惯安装高度尺寸决定。凡不平行于轴测轴 X、Y、Z 三个方向的管路，可用坐标定位法将处于空间任意位置的直线管段，量其起讫两个端点的空间坐标位置，在管系轴测图中的相应坐标上定位，然后连其两个端点即成
管系轴测图的识读方法	1）管系轴测图一般采用与房屋的卫生器具平面布置图或生产车间的配水设备平面布置图相同的比例，即常用 1:50 和 1:100，各个管系轴测图的布图方向应与平面布置图的方向一致，以使两种图纸对照联系，便于阅读。 2）管系轴测图中的管路也都用单线表示，其图例及线型、图线宽度等均与平面布置图相同。 3）当管道穿越地坪、楼面及屋顶、墙体时，可示意性地以细线画成水平线，下面加剖面斜线表示地坪。两竖线中加斜线表示墙体。 4）当空间呈交叉的管路，而在管系轴测图中两根管道相交时，在相交处可将前面或上面的管道画成连续的，而将后面或下面的管道画成断开的，以区别可见与否。 5）为使轴测图表达清晰，当各层管网布置相同时，轴测图上的中间层的管路可以省略不画，在折断的支管处上注"同×层"（"×层"应是管路已表达清楚的某层）即可
标注	1）管径管道直径应以 mm 为单位。其表达方式如下： 　水、煤气输送钢管（镀锌或非镀锌）、铸铁管等，管径宜以公称直径（内孔直径）DN 表示，如 DN25 表示管道公称直径为 25mm。 　无缝钢管、焊接钢管、铜管、不锈钢管等，管径宜以外径 $D \times$ 壁厚表示（如 $D108 \times 4$）。 　钢筋混凝土（或混凝土）管、陶土管、耐酸陶瓷管、缸瓦管等，管径宜以内径 d 表示（如 $d380$）。 　塑料管材，管径宜按产品标准的方法表示。 2）坡度给水系统的管线属于压力流管道，一般不需敷设坡度。 3）标高。室内压力流管道应标注管中的相对标高。此外，还应标注阀门、水表、放水龙头及各楼面的相对标高

2. 室内排水施工图的表达

室内排水施工图的表达，见表 2-46。

表 2-46 室内排水施工图的表达

项目	内容
室内排水管网 平面布置图	室内排水管网平面布置图是将室内的废水、污水排水管道及两者与室外管网连接的位置所做的图纸,各排水管线属于重力流管道,在此用粗虚线表示
室内排水管 网轴测图	排水管网轴测图的图示方法与给水管网轴测图基本相同,只是在标注的内容中需要注意以下几方面: 1)管径给排水管网轴测图,均标注管道的公称直径。 2)坡度。排水管线属于重力流管道,所以各排水横管均需标注管道的坡度,一般用箭头表示下坡的方向。 3)标高。与给水横管的管中标高不同,排水横管应标注管内底部相对标高值

2.3 通风和空调、采暖工程施工图识读

2.3.1 通风施工图识读

1. 通风系统平面图

通风系统平面图主要表达通风管道、设备的平面布置情况和有关尺寸,一般包含以下内容。

(1)以双线绘出的风道、异径管、弯头、静压箱、检查口、测定孔、调节阀、防火阀、送排风口等的位置。

(2)水式空调系统中,用粗实线表示的冷热媒管道的平面位置、形状等。

(3)送、回风系统编号、送、回风口的空气流动方向等。

(4)空气处理设备(室)的外形尺寸、各种设备定位尺寸等。

(5)风道及风口尺寸(圆管注管径、矩形管注宽×高)。

(6)各部件的名称、规格、型号、外形尺寸、定位尺寸等。

2. 通风系统剖面图

通风系统剖面图表示通风管道、通风设备及各种部件竖向的连接情况和有关尺寸,主要有以下内容。

(1)用双线表示的风道、设备、各种零部件的竖向位置尺寸和有关工艺设备的位置尺寸,相应的编号尺寸应与平面图对应。

(2)注明风道直径(或截面尺寸);风管标高(圆管标中心,矩形管标管底边);送、排风口的形式、尺寸、标高和空气流向等。

3. 通风系统图

通风系统图是采用轴测图的形式将通风系统的全部管道、设备和各种部件在空间的连接及纵横交错、高低变化等情况表示出来,一般包含以下内容。

(1)通风系统的编号、通风设备及各种部件的编号,应与平面图一致。

(2)各管道的管径(或截面尺寸)、标高、坡度、坡向等,系统图中的管道一般用单线表示。

(3)出风口、调节阀、检查口、测量孔、风帽及各异形部件的位置尺寸等。

(4)各设备的名称及规格型号等。

4. 通风系统详图

通风系统详图表示各种设备或配件的具体构造和安装情况。通风系统详图较多,一般包

括:空调器、过滤器、除尘器、通风机等设备的安装详图;各种阀门、检查门、消声器等设备部件的加工制作详图;设备基础详图等。各种详图大多有标准图供选用。

5. 设计和施工说明

(1)设计时使用的有关气象资料、卫生标准等基本数据。

(2)通风系统的划分。

(3)施工做法,例如与土建工程的配合施工事项,风管材料和制作的工艺要求,油漆、保温、设备安装技术要求,施工完毕后试运行要求等。

(4)图例,本套施工图中采用的一些图例。

6. 设备和配件明细表

设备和配件明细表就是通风机、电动机、过滤器、除尘器、阀门等以及其他配件的明细表,在表中要注明它们的名称、规格型号和数量等,以便与施工图对照。

2.3.2　室内采暖施工图识读

1. 采暖平面图

采暖平面图主要表明建筑物内采暖管道及采暖设备的平面布置情况,其主要内容如下。

(1)采暖总管入口和回水总管出口的位置、管径和坡度。

(2)各立管的位置和编号。

(3)地沟的位置和主要尺寸及管道支架部分的位置等。

(4)散热设备的安装位置及安装方式。

(5)热水供暖时,膨胀水箱、集气罐的位置及连接管的规格。

(6)蒸汽供暖时,管线间及末端的疏水装置、安装方法及规格。

(7)地热辐射供暖时,分配器的规格、数量,分配器与热辐射管件之间的连接和管件的布置方法及规格。

2. 采暖系统轴测图

采暖系统轴测图表明整个供暖系统的组成及设备、管道、附件等的空间布置关系,表明各立管编号,各管段的直径、标高、坡度,散热器的型号与数量(片数),膨胀水箱和集气罐及阀件的位置与型号规格等。

3. 采暖详图

采暖详图包括标准图和非标准图,采暖设备的安装都要采用标准图,个别的还要绘制详图。标准图包括散热器的连接安装、膨胀水箱的制作和安装、集气罐的制作和连接、补偿器和疏水器的安装、入口装置等。非标准图是指供暖施工平面图及轴测图中表示不清而又无标准图的节点图、零件图。

第3章 工程量清单计价基础

3.1 工程量清单概述

3.1.1 工程量清单定义

工程量清单是表现拟建工程的分部分项工程项目、措施项目、其他项目名称和相应数量的明细清单,包括分部分项工程量清单、措施项目清单、其他项目清单、规费项目清单和税金项目清单。

3.1.2 工程量清单组成

工程量清单是招标文件的组成部分,主要由分部分项工程量清单、措施项目清单、其他项目清单、规费项目清单和税金项目清单等组成,是编制标底和投标报价的依据,是签订合同、调整工程量和办理竣工结算的基础。

1. 分部分项工程量清单

1)分部分项工程量清单的内容

应包括项目编码、项目名称、项目特征、计量单位和工程数量,并按"四个统一"的规定执行。"四个统一"为项目编码统一、项目名称统一、计量单位统一、工程量计算规则统一。招标人必须按该规定执行,不得因情况不同而变动。

2)分部分项工程量清单的统一编码

分部分项工程量清单项目的统一编码应以 12 位阿拉伯数字表示。12 位阿拉伯数字中,1~9 位为全国统一编码。其中,1、2 位为附录顺序码,3、4 位为专业工程顺序码,5、6 位为分部工程顺序码,7、8、9 位为分项工程名称顺序码。编制分部分项工程量清单时,应按《通用安装工程工程量计算规范》(GB 50856—2013)附录中的相应编码设置,不得变动;10~12 位是清单项目名称顺序编码,应根据拟建工程的工程量清单项目名称设置。同一招标工程的项目编码不得有重码。

3)分部分项工程量清单的项目名称的确定

(1)分部分项工程量清单的项目名称的设置应按《通用安装工程工程量计算规范》(GB 50856—2013)附录的项目名称、项目特征,并结合拟建工程的实际情况确定。应考虑三个因素:一是项目名称应以附录中的项目名称为主体;二是附录中的项目特征应考虑项目的规格、型号、材质等特征要求;三是拟建工程的实际情况。结合拟建工程的实际情况,使其工程量清单项目名称具体化、详细化,反映工程造价的主要影响因素。

(2)《通用安装工程工程量计算规范》(GB 50856—2013)规定,凡附录中的缺项,编制人可作补充。补充项目应填写在工程量清单相应分部工程项目之后,在"项目编码"栏中以"补"字示之,并应报省、自治区、直辖市工程造价管理机构备案。

(3)工程量清单项目的划分,一般是以一个"综合实体"考虑的,包括多项工程内容,并据此规定了相应的工程量计算规则。

4）分部分项工程量清单的计量单位的确定

分部分项工程量清单的计量单位应按《通用安装工程工程量计算规范》（GB 50856—2013）附录中的统一规定确定。附录按国际惯例，工程量计量单位均采用基本单位计量，它与现行定额单位不一样。计量单位全国统一，一定要严格遵守，规定如下：长度计算单位为"m"；面积计算单位为"m²"；质量计算单位为"kg"；体积和容积计算单位为"m³"；自然计量单位为"台"、"套"、"个"、"组"等。

5）工程量清单中工程数量的计算规定

（1）工程数量应按《通用安装工程工程量计算规范》（GB 50856—2013）附录中规定的工程量计算规则计算。

（2）工程数量的有效位数应遵守下列规定：

① 以"t"为单位，应保留小数点后三位数字，第四位四舍五入。

② 以"m³""m²""m"为单位，应保留小数点后两位数字，第三位四舍五入。

③ 以"个""项"为单位，应取整数。

2. 措施项目清单

措施项目是指为完成工程项目施工，发生于该工程施工前和施工过程中的技术、生活、安全等方面的非工程实体项目。

（1）措施项目清单应根据拟建工程的具体情况，参照《通用安装工程工程量计算规范》（GB 50856—2013）提供的"措施项目列项。

（2）编制措施项目清单，当出现表中未列项目时，编制人可作补充。补充项目应列在清单项目最后，并在"序号"栏中以"补"字示之。

（3）措施项目分为通用项目、建筑工程措施项目、装饰装修工程措施项目、安装工程措施项目、市政工程措施项目。

3. 其他项目清单

（1）其他项目清单主要体现了招标人提出的一些与拟建工程有关的特殊要求。其他项目清单应根据拟建工程的具体情况，参照预留金、材料购置费、总承包服务费、零星工作项目费等内容列项。这些特殊要求所需费用金额计入报价中。

（2）预留金是指招标人为可能发生的工程量变更而预留的金额。

（3）材料购置费是指招标人自行采购材料所发生的费用。

（4）总承包服务费是指为配合协调招标人进行的工程分包和材料采购所需的费用。

（5）零星工作项目费用是指完成招标人提出的，工程量暂估的零星工作所需的费用。

（6）零星工作项目表。零星工作项目是根据拟建工程的具体情况，以表格形式详细列出零星工作项目的人工、材料、机械的名称、计量单位和数量。

（7）其他项目清单除上述四项以外，其不足部分可由清单编制人作出补充项目，补充项目应列于清单项目最后，并以"补"字在"序号"栏中示之。

4. 规费项目清单

（1）规费项目清单应按照下列内容列项：

① 工程排污费；

② 工程定额测定费；

③ 社会保障费：包括养老保险费、失业保险费、医疗保险费；

④ 住房公积金；

⑤ 危险作业意外伤害保险。

（2）出现上述未列的项目，应根据省级政府或省级有关权力部门的规定列项。

5. 税金项目清单

（1）税金项目清单应包括下列内容：

① 营业税；

② 城市维护建设税；

③ 教育费附加。

（2）出现上述未列的项目，应根据税务部门的规定列项。

3.1.3 工程量清单格式

工程量清单应采用统一格式，一般应由下列内容组成。

（1）封面：见表3-1。由招标人填写、签字、盖章。

表3-1　工程量清单封面格式

_____工程

招标工程量清单

招　标　人：_____
（单位盖章）

造价咨询人：_____
（单位盖章）

年　　月　　日

（2）总说明：见表3-2。应按下列内容填写。

表 3-2 总说明

工程名称：

第　　页共　　页

（3）分部分项工程和措施项目计价表：应表明拟建工程的全部分项实体工程名称和相应数量，编制时应避免漏项、错项，见表3-3。

表 3-3 分部分项工程和措施项目计价表

工程名称：　　　　　　　　　　　　　标段：　　　　　　　第　　页共　　页

序号	项目编码	项目名称	项目特征描述	计量单位	工程量	金　额（元）		
						综合单位	合价	其中
								暂估价
本页小计								
合　　计								

（4）其他项目清单与计价汇总表：见表3-4。其他项目清单应根据拟建工程的具体情况，参照下列内容列项。

表3-4 其他项目清单与计价汇总表

工程名称：　　　　　　　　　　　　标段：　　　　　　　　　　第　页 共　页

序号	项 目 名 称	金额（元）	结算金额（元）	备注
1	暂列金额			
2	暂估价			
2.1	材料（工程设备）暂估价/结算价			
2.2	专业工程暂估价/结算价			
3	计日工			
4	总承包服务费			
5	索赔与现场签证			
	合　计			

注：材料（工程设备）暂估单价进入清单项目综合单价，此处不汇总。

（5）暂列金额明细表：见表3-5。

表3-5 暂列金额明细表

工程名称：　　　　　　　　　　　　标段：　　　　　　　　　　第　页 共　页

序号	项 目 名 称	计量单位	暂定金额（元）	备注
1				
2				
3				
4				
5				
6				
7				
8				
9				
10				
11				
	合　计			

注：此表由招标人填写，如不能详列，也可只列暂定金额总额，招标人应将上述将上述暂列金额计入招标总价中。

3.1.4 工程量清单编制

1. 一般规定

工程量清单是招标文件的组成部分，主要由分部分项工程量清单、措施项目清单、其他项目清单、规费项目清单和税金项目清单等组成，是编制标底和投标报价的依据，是签订合同、调整工程量和办理竣工结算的基础。

工程量清单由有编制招标文件能力的招标人或受其委托具有相应资质的工程造价咨询机构、招标代理机构依据有关计价办法、招标文件的有关要求、设计文件和施工现场实际情况进行编制。

2. **工程量清单项目设置**

1）项目编码

以五级编码设置,用12位阿拉伯数字表示。一、二、三、四级编码统一;第五级编码由工程量清单编制人区分具体工程的清单项目特征而分别编码。各级编码代表的含义如下。

(1)第一级表示分类码(分二位):房屋建筑和装饰工程为01;通用安装工程为03;市政工程为04;园林绿化工程为05。

(2)第二级表示章顺序码(分二位)。

(3)第三级表示节顺序码(分二位)。

(4)第四级表示清单项目码(分三位)。

(5)第五级表示具体清单项目编码(分三位)。

2）项目名称

原则上以形成工程实体而命名。项目名称如有缺项,招标人可按相应的原则进行补充,并报当地工程造价管理部门备案。

3）项目特征

是对项目的准确描述,是影响价格的因素,是设置具体清单项目的依据。项目特征按不同的工程部位、施工工艺或材料品种、规格等分别列项。凡项目特征中未描述到的其他独有特征,由清单编制人视项目具体情况确定,以准确描述清单项目为准。

4）计量单位

应采用基本单位,除各专业另有特殊规定外。

5）工程内容

工程内容是指完成该清单项目可能发生的具体工程,可供招标人确定清单项目和投标人投标报价参考。

凡工程内容中未列的其他具体工程,由投标人按照招标文件或图纸要求编制,以完成清单项目为准,综合考虑到报表中。

3. **工程数量的计算**

工程数量的计算主要通过工程量计算规则计算得到。工程量计算规则是指对清单项目工程量的计算规定。除另有说明外,所有清单项目的工程量应以实体工程量为准,并以完成后的净值计算;投标人投标报价时,应在单价中考虑施工中的各种损耗和需要增加的工程量。

4. **工程量清单编制的原则**

(1)满足建设工程施工招标的需要,能对工程造价进行合理确定和有效控制。

(2)做到"四个统一",即统一项目编码、统一工程量计算规则、统一计量单位、统一项目名称。

(3)利于规范建筑市场的计价行为,促进企业经营管理、技术进步,增加市场上的竞争力。

(4)适当考虑我国目前工程造价管理工作现状,实行市场调节价。

5. **工程量清单的编制依据**

(1)招标文件规定的相关内容。

（2）拟建工程设计施工图纸。

（3）施工现场的情况。

（4）统一的工程量计算规则、分部分项工程的项目划分、计量单位等。

3.2 工程计价概述

3.2.1 工程定额计价基本方法

1. 工程定额体系

工程定额是在合理的劳动组织和合理地使用材料与机械的条件下，完成一定计量单位合格建筑产品所消耗资源的数量标准。工程定额是一个综合概念，是建设工程造价计价和管理中各类定额的总称，包括许多种类的定额，可以按照不同的原则和方法对它进行分类。

1）按定额反映的生产要素消耗内容分类

可以把工程定额划分为劳动消耗定额、机械消耗定额和材料消耗定额三种，具体见表3-6。

表3-6　按定额反映的生产要素消耗内容分类

分　类	内　　容
劳动消耗定额	简称劳动定额（也称为人工定额），是指完成一定数量的合格产品（工程实体或劳务）规定活动消耗的数量标准。劳动定额的主要表现形式是时间定额，但同时也表现为产量定额。时间定额与产量定额互为倒数
机械消耗定额	机械消耗定额是以一台机械一个工作班为计量单位，所以又称为机械台班定额。机械消耗定额是指为完成一定数量的合格产品（工程实体或劳务）所规定的施工机械消耗的数量标准。机械消耗定额的主要表现形式是机械时间定额，同时也以产量定额表现
材料消耗定额	简称材料定额，是指完成一定数量的合格产品所需消耗的原材料、成品、半成品、构配件、燃料以及水、电等动力资源的数量标准

2）按定额的用途分类

可以把工程定额分为施工定额、预算定额、概算定额、概算指标、投资估算指标五种，具体见表3-7。

表3-7　按定额的用途分类

分　类	内　　容
施工定额	施工定额是施工企业（建筑安装企业）组织生产和加强管理在企业内部使用的一种定额，属于企业定额的性质。施工定额是以同一性质的施工过程——工序作为对象编制，表示生产产品数量与生产要素消耗综合关系的定额。为了适应组织生产和管理的需要，施工定额的项目划分很细，是工程定额中分项最细、定额子目最多的一种定额，也是工程定额中的基础性定额
预算定额	预算定额是在编制施工图预算阶段，以工程中的分项工程和结构构件为对象编制，用来计算工程造价和计算工程中的劳动、机械台班、材料需要量的定额。预算定额是一种计价性定额。从编制程序上看，预算定额是以施工定额为基础综合扩大编制的，同时它也是编制概算定额的基础
概算定额	概算定额是以扩大分项工程或扩大结构构件为对象编制的，计算和确定劳动、机械台班、材料消耗量所使用的定额，也是一种计价性定额。概算定额是编制扩大初步设计概算、确定建设项目投资额的依据
概算指标	概算指标的设定和初步设计的深度相适应，比概算定额更加综合扩大。概算指标是概算定额的扩大与合并，它是以整个建筑物和构筑物为对象，以更为扩大的计量单位来编制的。概算指标的内容包括劳动、机械台班、材料定额三个基本部分，同时还列出了各结构分部的工程量及单位建筑工程（以体积计或面积计）的造价，是一种计价定额

续表

分　类	内　　　容
投资估算指标	它是在项目建议书和可行性研究阶段编制投资估算、计算投资需要量时使用的一种定额。投资估算指标往往根据历史的预、决算资料和价格变动等资料编制,但其编制基础仍然离不开预算定额、概算定额

上述各种定额的相互联系可参见表3-8。

表 3-8　各种定额间关系比较

项目	施工定额	预算定额	概算定额	概算指标	投资估算指标
对象	工序	分项工程	扩大的分项工程	整个建筑物或构筑物	独立的单项工程或完整的工程项目
用途	编制施工预算	编制施工图预算	编制扩大初步设计概算	编制初步设计概算	编制投资估算
项目划分	最细	细	较粗	粗	很粗
定额水平	平均先进	平均	平均	平均	平均
定额性质	生产性定额	计价性定额			

3)按照适用范围分类

工程定额分为全国通用定额、行业通用定额和专业专用定额三种。全国通用定额是指在部门间和地区间都可以使用的定额;行业通用定额是指具有专业特点在行业部门内可以通用的定额;专业专用定额是特殊专业的定额,只能在指定的范围内使用。

4)按主编单位和管理权限分类

工程定额可以分为全国统一定额、行业统一定额、地区统一定额、企业定额、补充定额五种,具体见表3-9。

表 3-9　按主编单位和管理权限分类

分　类	内　　　容
全国统一定额	全国统一定额是由国家建设行政主管部门综合全国工程建设中技术和施工组织管理的情况编制,并在全国范围内执行的定额
行业统一定额	行业统一定额,是考虑到各行业部门专业工程技术特点,以及施工生产和管理水平编制的。一般只在本行业和相同专业性质的范围内使用
地区统一定额	地区统一定额包括省、自治区、直辖市定额。地区统一定额主要是考虑地区性特点对全国统一定额水平作适当调整和补充编制的
企业定额	企业定额是指由施工企业考虑本企业具体情况,参照国家、部门或地区定额的水平制定的定额。企业定额只在企业内部使用,是企业素质的一个标志。企业定额水平一般应高于国家现行定额,才能满足生产技术发展、企业管理和市场竞争的需要
补充定额	补充定额是指随着设计、施工技术的发展,现行定额不能满足需要的情况下,为了补充缺陷所编制的定额。补充定额只能在指定的范围内使用,可以作为以后修订定额的基础

2. 工程定额的特点

工程定额的特点见表3-10。

表 3-10　工程定额的特点

特　　点	内　　　　　容
科学性	工程定额的科学性包括两重含义。一重含义是指工程定额和生产力发展水平相适应,反映出工程建设中生产消费的客观规律。另一重含义,是指工程定额管理在理论、方法和手段上适应现代科学技术和信息社会发展的需要。 　　工程定额的科学性,首先表现在用科学的态度制定定额,尊重客观实际,力求定额水平合理;其次表现在制定定额的技术方法上,利用现代科学管理的成就,形成一套系统的、完整的、在实践中行之有效的方法;第三,表现在定额制定和贯彻的一体化
系统性	工程定额是相对独立的系统。它是由多种定额结合而成的有机的整体。它的结构复杂、层次鲜明、目标明确。 　　工程定额的系统性是由工程建设的特点决定的。按照系统论的观点,工程建设就是庞大的实体系统。工程定额是为这个实体系统服务的。因而工程建设本身的多种类、多层次决定了以它为服务对象的工程定额的多种类、多层次。从整个国民经济来看,进行固定资产生产和再生产的工程建设,是一个有多项工程集合体的整体
统一性	工程定额的统一性,主要是由国家对经济发展的有计划的宏观调控职能决定的。 　　工程定额的统一性按照其影响力和执行范围来看,有全国统一定额、地区统一定额和行业统一定额等等;按照定额的制定、颁布和贯彻使用来看,有统一的程序、统一的原则、统一的要求和统一的用途
指导性	随着我国建设市场的不断成熟和规范,工程定额尤其是统一定额原具备的指令性特点逐渐弱化,转而成为对整个建设市场和具体建设产品交易的指导作用。 　　工程定额的指导性的客观基础是定额的科学性。只有科学的定额才能正确地指导客观的交易行为。工程定额的指导性体现在两个方面:一方面工程定额作为国家各地区和行业颁布的指导性依据,可以规范建设市场的交易行为,在具体的建设产品定价过程中也可以起到相应的参考性作用,同时统一定额还可以作为政府投资项目定价以及造价控制的重要依据;另一方面,在现行的工程量清单计价方式下,体现交易双方自主定价的特点,投标人报价的主要依据是企业定额,但企业定额的编制和完善仍然离不开统一定额的指导
稳定性与时效性	工程定额中的任何一种都是一定时期技术发展和管理水平的反映,因而在一段时间内都表现出稳定的状态。稳定的时间有长有短,一般在 5 年至 10 年之间。保持定额的稳定性是维护定额的指导性所必须的,更是有效地贯彻定额所必要的

　3. 工程定额计价的基本程序

　　以预算定额单价法确定工程造价,是我国采用的一种与计划经济相适应的工程造价管理制度。工程定额计价模式实际上是国家通过颁布统一的计价定额或指标,对建筑产品价格进行有计划的管理。国家以假定的建筑安装产品为对象,制定统一的预算和概算定额,计算出每一单元子项的费用后,再综合形成整个工程的价格。工程计价的基本程序如图 3-1 所示。

　　从图 3-1 中可以看出,编制建设工程造价最基本的过程有两个:工程量计算和工程计价。为统一口径,工程量的计算均按照统一的项目划分和工程量计算规则计算。工程量确定以后,就可以按照一定的方法确定出工程的成本及盈利,最终就可以确定出工程预算造价(或投标报价)。定额计价方法的特点就是量与价的结合。概预算的单位价格的形成过程,就是依据概预算定额所确定的消耗量乘以定额单价或市场价,经过不同层次的计算达到量与价的最优结合过程。

　　可以确定建筑产品价格定额计价的基本方法和程序,还可以用公式表示如下:

　　(1)每一计量单位建筑产品的基本构造要素(假定建筑产品)的直接工程费单 = 人工费 + 材料费 + 施工机械使用费

　　其中:人工费 = $\sum$(人工工日数量 × 人工日工资标准)

　　　　　材料费 = $\sum$(材料用量 × 材料基价) + 检验试验费

机械使用费 = Σ(机械台班用量×台班单价)

(2)单位工程直接费 = Σ(假定建筑产品工程量×直接工程费单价)+措施费

(3)单位工程概预算造价 = 单位工程直接费 + 间接费 + 利润 + 税金

(4)单项工程概算造价 = Σ单位工程概预算造价 + 设备、工器具购置费

(5)建设项目全部工程概算造价 = Σ单项工程的概算造价 + 预备费 + 有关的其他费用

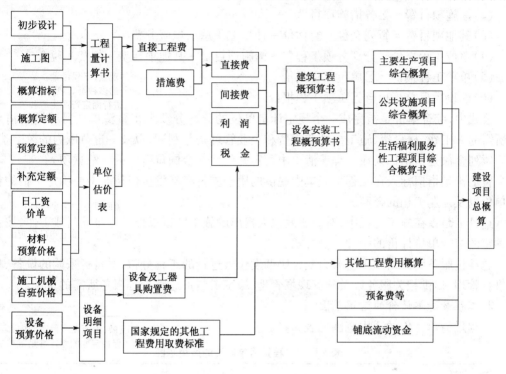

图 3-1　工程造价定额计价程序示意图

3.2.2　工程量清单计价基本方法

1. 工程量清单计价的基本方法与程序

工程量清单计价的基本过程可以描述为:在统一的工程量清单项目设置的基础上,制定工程量清单计量规则,根据具体工程的施工图纸计算出各个清单项目的工程量,再根据各种渠道所获得的工程造价信息和经验数据计算得到工程造价。这一基本的计算过程如图 3-2 所示。

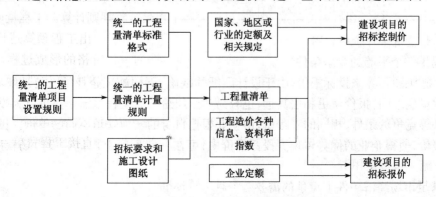

图 3-2　工程造价工程量清单计价过程示意

从工程量清单计价的过程示意图中可以看出,其编制过程可以分为两个阶段:工程量清单的编制和利用工程量清单来编制投标报价(或招标控制价)。投标报价是在业主提供的工程量计算结果的基础上,根据企业自身所掌握的各种信息、资料,结合企业定额编制得出的。计算公式如下:

(1)分部分项工程费 = Σ分部分项工程量×相应分部分项综合单价

(2)措施项目费 = Σ各措施项目费

(3)其他项目费 = 暂列金额 + 暂估价 + 计日工 + 总承包服务费

(4)单位工程报价 = 分部分项工程费 + 措施项目费 + 其他项目费 + 规费 + 税金

(5)单项工程报价 = Σ单位工程报价

(6)建设项目总报价 = Σ单项工程报价

公式中,综合单价是指完成一个规定计量单位的分部分项工程量清单项目或措施清单项目所需的人工费、材料费、施工机械使用费和企业管理费与利润,以及一定范围内的风险费用。

暂列金额是指招标人在工程量清单中暂定并包括在合同价款中的一笔款项。

暂估价是指招标人在工程量清单中提供的用于支付必然发生但暂时不能确定价格的材料的单价以及专业工程的金额。

计日工是指在施工过程中,对完成发包人提出的施工图纸以外的零星项目或工作,按合同中约定的综合单价计价的一种计价方式。

总承包服务费是指总承包人为配合协调发包人进行的工程分包,对自行采购的设备、材料等进行管理、提供相关服务以及施工现场管理、竣工资料汇总整理等服务所需的费用。

2. 工程量清单计价的适用范围

工程量清单计价的适用范围见表3-11。

表3-11 工程量清单计价的适用范围

项　　目	适 用 范 围
国有资金投资的工程建设项目	(1)使用各级财政预算资金的项目。 (2)使用纳入财政管理的各种政府性专项建设资金的项目。 (3)使用国有企事业单位自有资金,并且国有资产投资者实际拥有控制权的项目
国家融资资金投资的工程建设项目	(1)使用国家发行债券所筹资金的项目。 (2)使用国家对外借款或者担保所筹资金的项目。 (3)使用国家政策性贷款的项目。 (4)国家授权投资主体融资的项目。 (5)国家特许的融资项目

3. 工程量清单计价的作用

1)提供一个平等的竞争条件

采用施工图预算来投标报价,由于设计图纸的缺陷,不同施工企业的人员理解不一,计算出的工程量也不同,报价就更相去甚远,也容易产生纠纷。而工程量清单报价就为投标者提供了一个平等竞争的条件,相同的工程量,由企业根据自身的实力来填不同的单价。投标人的这种自主报价,使得企业的优势体现到投标报价中,可在一定程度上规范建设市场秩序,确保工程质量。

2)满足市场经济条件下竞争的需要

招标投标过程就是竞争的过程,招标人提供工程量清单,投标人根据自身情况确定综合单价,利用单价与工程量逐项计算每个项目的合价,再分别填入工程量清单表内,计算出投标总价。单价成了决定性的因素,定高了不能中标,定低了又要承担过大的风险。单价的高低直接取决于企业管理水平和技术水平的高低,这种局面促成了企业整体实力的竞争,有利于我国建设市场的快速发展。

3)有利于提高工程计价效率,能真正实现快速报价

采用工程量清单计价方式,避免了传统计价方式下招标人与投标人在工程量计算上的重复工作,各投标人以招标人提供的工程量清单为统一平台,结合自身的管理水平和施工方案进行报价,促进了各投标人企业定额的完善和工程造价信息的积累和整理,体现了现代工程建设中快速报价的要求。

4)有利于工程款的拨付和工程造价的最终结算

中标后,业主要与中标单位签订施工合同,中标价就是确定合同价的基础,投标清单上的单价就成了拨付工程款的依据。业主根据施工企业完成的工程量,可以很容易地确定进度款的拨付额。工程竣工后,根据设计变更、工程量增减等,业主也很容易确定工程的最终造价,可在某种程度上减少业主与施工单位之间的纠纷。

5)有利于业主对投资的控制

采用工程量清单报价的方式可对投资变化一目了然,在欲进行设计变更时,能马上知道它对工程造价的影响,业主能根据投资情况来决定是否变更或进行方案比较,以决定最恰当的处理方法。

3.3 工程量清单计价的确定

3.3.1 工程量清单计价的基本方法与程序

工程量清单计价的基本过程可以描述为:在统一的工程量清单项目设置的基础上,制定工程量清单计量规则,根据具体工程的施工图纸计算出各个清单项目的工程量,再根据各种渠道所获得的工程造价信息和经验数据计算得到工程造价。这一基本的计算过程如图 3-3 所示。

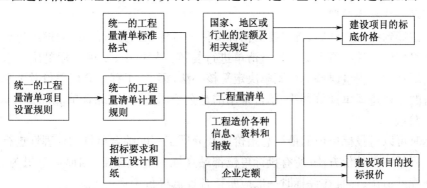

图 3-3 工程造价工程量清单计价过程示意图

从工程量清单计价的过程示意图中可以看出,其编制过程可以分为两个阶段:工程量清单的编制和利用工程量清单来编制投标报价(或标底价格)。投标报价是在业主提供的工程量计算结果的基础上,根据企业自身所掌握的各种信息、资料,结合企业定额编制得出的。

(1)分部分项工程费＝∑分部分项工程量×相应分部分项工程单价

其中分部分项工程单价由人工费、材料费、机械费、管理费、利润等组成,并考虑风险费用。

(2)措施项目费＝∑各措施项目费

措施项目分为通用项目、建筑工程措施项目、安装工程措施项目、装饰装修工程措施项目和市政工程措施项目,每项措施项目费均为合价,其构成与分部分项工程单价构成类似。

(3)其他项目费＝招标人部分金额＋投标人部分金额

(4)单位工程报价＝分部分项工程费＋措施项目费＋其他项目费＋规费＋税金

(5)单项工程报价＝∑单位工程报价

(6)建设项目总报价＝∑单项工程报价

3.3.2 工程量清单计价的操作过程

就我国目前的实践而言,工程量清单计价作为一种市场价格的形成机制,其使用主要在工程施工招标投标阶段。因此工程量清单计价的操作过程可以从招标、投标、评标三个阶段来阐述。

1)工程施工招标阶段

工程量清单计价在施工招标阶段的应用主要是编制标底。在原建设部《建筑工程施工发包与承包计价管理办法》(建设部107号令)中,对招标标底的编制作了规定,指出标底编制的主要依据包括:国务院和省、自治区、直辖市人民政府建设行政主管部门制定的工程造价计价办法以及其他有关规定,市场价格信息。

《建设工程工程量清单计价规范》中进一步强调:"实行工程量清单计价招标投标建设工程,其招标标底、投标报价的编制、合同价款的确定与调整、工程结算应按本规范进行",并进一步规定"招标工程如设标底,标底应根据招标文件中的工程量清单和有关要求、施工现场实际情况、合理的施工方法,以及按照建设行政主管部门制定的有关工程造价计价办法进行编制"。

工程量清单下的标底价必须严格按照"规范"进行编制,以工程量清单给出的工程数量和综合的工程内容,按市场价格计价。对工程量清单开列的工程数量和综合的工程内容不得随意更改、增减,必须保持与各投标单位计价口径的统一。

2)投标单位作标书阶段

投标单位接到招标文件后,首先要对招标文件进行透彻的分析研究,对图纸进行仔细的理解;其次,要对招标文件中所列的工程量清单进行复核。复核中,要视招标单位是否允许对工程量清单内所列的工程量误差进行调整决定复核办法;第三,工程量套用单价及汇总计算。根据我国现行的工程量清单计价办法,单价采用的是全费用单价(即综合单价)。

3)评标阶段

在评标时可以对投标单位的最终总报价以及分项工程的综合单价的合理性进行评分。由于采用了工程量清单计价方法,所有投标单位都站在同一起跑线上,因而竞争更为公平合理,有利于实现优胜劣汰,而且在评标时一般应坚持合理低标价中标的原则。

3.3.3 工程量清单计价法的特点

工程造价的计价具有多次性特点,在项目建设的各个阶段都要进行造价的预测与计算。在投资决策、初步设计、扩大初步设计和施工图设计阶段,业主委托有关的工程造价咨询人根据某一阶段所具备的信息进行确定和控制,这一阶段的工程造价并不完全具备价格属性,因为此时交易的另一方主体还没有真正出现,此时的造价确定过程可以理解为是业主的单方面行为,属于业主对投资费用管理的范畴。

在工程量清单计价方法的招标方式下,由业主或招标单位根据统一的工程量清单项目设置规则和工程量清单计量规则编制工程量清单,鼓励企业自主报价,业主根据其报价,结合质量、工期等因素综合评定,选择最佳的投标企业中标。在这种模式下,标底不再成为评标的主要依据,甚至可以不编标底,从而在工程价格的形成过程中摆脱了长期以来的计划管理色彩,而由市场的参与双方主体自主定价,符合价格形成的基本原理。

工程量清单计价真实反映工程实际,为把定价自主权交给市场参与方提供了可能。在工程招标投标过程中,投标企业在投标报价时必须考虑工程本身的内容、范围、技术特点要求以及招标文件的有关规定、工程现场情况等因素;同时还必须充分考虑到许多其他方面的因素,如投标单位自己制定的工程总进度计划、施工方案、分包计划、资源安排计划等。

3.3.4 工程量清单计价法的作用

(1)工程量清单计价法是规范建设市场秩序,适应社会主义市场经济发展的需要。工程造价是工程建设的核心内容,也是建设市场运行的核心内容,建设市场上存在的许多不规范行为大多都与工程造价有关。工程定额在工程承发包计价过程中调节双方利益、反映市场价格方面显得滞后,特别是在公开、公平、公正竞争方面缺乏合理完善的机制。工程量清单计价是市场形成工程造价的主要形式,有利于发挥企业自主报价的能力,实现政府定价到市场定价的转变;有利于规范业主在招标中的行为,有效改变招标单位在招标中盲目压价的行为,从而真正体现公开、公平、公正的原则,反映市场经济规律。

(2)工程量清单计价法是为促进建设市场有序竞争和企业健康发展的需要。采用工程量清单计价模式的招标投标,由于工程量清单是招标文件的组成部分,招标人必须编制出准确的工程量清单,并承担相应的风险,促进招标单位提高管理水平。

工程量清单计价方法的实行,有利于规范建设市场计价行为,规范建设市场秩序,促进建设市场有序竞争;有利于控制建设项目投资,合理利用资源;有利于促进企业技术进步,提高劳动生产率;有利于提高造价工程师的素质,使其成为懂技术、懂经济、懂管理的全面发展的复合型人才。

(3)工程量清单计价法有利于我国工程造价管理政府职能的转变。按照政府部门真正履行"经济调节、市场监管、社会管理和公共服务"职能的要求,政府对工程造价政府管理的模式要相应改变,推行政府宏观调控、企业自主报价、市场竞争形成价格、社会全面监督的工程造价管理思路。实行工程量清单计价,有利于我国工程造价管理政府职能的转变,由过去政府控制的指令性定额转变为制定适应市场经济规律需要的工程量清单计价方法,由过去行政直接干预转变为对工程造价依法监管,有效地强化政府对工程造价的宏观调控。

(4)工程量清单计价法是适应我国加入世界贸易组织(WTO),融入世界大市场的需要。工程量清单计价是国际通行的计价做法,在我国实行工程量清单计价,有利于提高国内各方主体参与国际化竞争的能力,有利于提高工程建设的管理水平。

第4章 通用安装工程工程量清单相关规范

4.1 《建设工程工程量清单计价规范》(GB 50500—2013)变化情况

注:表中的条文序号按照"13规范"条文设置

4.1.1 计价规范

《建设工程工程量清单计价规范》的变化情况,见表4-1。

表4-1 《建设工程工程量清单计价规范》的变化情况

"13规范"			"08规范"			条文增(+)减(-)
章	节	条文	章	节	条文	
1. 总则		7	1 总则		8	-1
2. 术语		52	2 术语		23	+29
3. 一般规定	4	19	4.1 一般规定	1	9	+10
4. 工程量清单编制	6	19	3 工程量清单编制	6	21	-2
5. 招标控制价	3	21	4.2 招标控制价	1	9	+12
6. 投标报价	2	13	4.3 投标价	1	8	+5
7. 合同价款约定	2	5	4.4 工程合同价款的约定	1	4	+1
8. 工程计量	3	15	4.5 工程计量与价款支付中4.5.3、4.5.4		2	+13
9. 合同价款调整	3	15	4.6 索赔与现场签证4.7 工程价款调整	2	16	+42
10. 合同价款期中支付	3	24	4.5 工程计量与价款支付	1	6	+18
11. 竣工结算与支付	6	35	4.8 竣工结算	1	14	+21
12. 合同解除的价款结算与支付		4				+4
13. 合同价款争议的解决	5	19	4.9 工程计价争议处理	1	3	+16
14. 工程造价鉴定	3	19	4.9.2		1	+18
15. 工程计价资料与档案	2	13				+13
16. 工程计价表格		6	5.2 计价表格使用规定	1	5	+1
合计	54	329		17	137	+192
附录A		物价变化合同价款调整方法				
附录B—附录L		计价表格22	5.1 计价表格组成		计价表格14节1、条文8	+8 -8

4.1.2 计算规范

《通用安装工程工程量计算规范》的变化情况,见表4-2。

表4-2 《通用安装工程工程量计算规范》的变化情况

计算规范	正文条款	附录项目			
		"13规范"	"08规范"	增加	减少
通用安装工程	26	1144	1015	320	191

4.2 《通用安装工程工程量计算规范》简介

4.2.1 总则

1)为规范工程造价计量行为,统一"通用安装工程"工程量清单的编制、项目设置和计量规则,制定本规范。

2)《通用安装工程工程量计算规范》适用于一般工业与民用建筑安装工程施工发承包计价活动中的工程量清单编制和工程量计算。

3)通用安装工程计量,应当按本规范进行工程量计算。

4)工程量清单和工程量计算等造价文件的编制与核对应由具有资格的工程造价专业人员承担。

5)通用安装工程计量活动,除应遵守本规范外,尚应符合国家现行有关标准的规定。

4.2.2 术语

1)分部分项工程。分部工程是单位工程的组成部分,系按通用安装工程专业及施工特点或施工任务将单位工程划分为若干分部的工程;分项工程是分部工程的组成部分,系按不同施工方法、材料、工序等将分部工程划分为若干个分项或项目的工程。

2)措施项目。为完成工程项目施工,发生于该工程施工准备和施工过程中的技术、生活、安全、环境保护等方面的项目。

3)项目编码。分部分项工程和措施项目工程量清单项目名称的阿拉伯数字标识。

4)项目特征。构成分部分项工程量清单项目、措施项目自身价值的本质特征。

5)安装工程。安装工程是指各种设备、装置的安装工程。通常包括:工业、民用设备、电气、智能化控制设备、自动化控制仪表、通风空调、工业管道、消防管道及给排水燃气管道以及通信设备安装等。

4.2.3 一般规定

1)工程量清单应由具有编制能力的招标人或受其委托具有相应资质的工程造价咨询人或招标代理人编制。

2)采用工程量清单方式招标,工程量清单必须作为招标文件的组成部分,其准确性和完整性由招标人负责。

3)工程量清单是工程量清单计价的基础,应作为编制招标控制价、投标报价、计算工程量、支付工程款、调整合同价款、办理竣工结算以及工程索赔等的依据之一。

4)编制工程量清单应依据:

(1)《通用安装工程工程量计算规范》;

(2)国家或省级、行业建设主管部门颁发的计价依据和办法；

(3)建设工程设计文件；

(4)与建设工程项目有关的标准、规范、技术资料；

(5)招标文件及其补充通知、答疑纪要；

(6)施工现场情况、工程特点及常规施工方案；

(7)其他相关资料。

5)工程量计算除依据本规范各项规定外,尚应依据以下文件：

(1)经审定的施工设计图纸及其说明；

(2)经审定的施工组织设计或施工技术措施方案；

(3)经审定的其他有关技术经济文件。

6)《通用安装工程工程量计算规范》电气设备安装工程适用于电气 10kV 以下的工程。

7)《通用安装工程工程量计算规范》与《市政工程工程量计算规范》相关项目划分界线如下：

(1)《通用安装工程工程量计算规范》电气设备安装工程与市政工程路灯工程的界定:厂区、住宅小区的道路路灯安装工程、庭院艺术喷泉等电气设备安装工程按通用安装工程"电气设备安装工程"相应项目执行；涉及到市政道路、庭院等电气安装工程的项目,按市政工程中"路灯工程"的相应项目执行。

(2)《通用安装工程工程量计算规范》工业管道与市政工程管网工程的界定:给水管道以厂区入口水表井为界；排水管道以厂区围墙外第一个污水井为界；蒸汽和煤气以厂区入口第一个计量表(阀门)为界；

(3)《通用安装工程工程量计算规范》给排水、采暖、燃气工程与市政工程管网工程的界定:给水、采暖、燃气管道以计量表井为界；无计量表井者,以与市政碰头点为界；室外排水管道与市政管道碰头井为界；厂区、住宅小区的庭院喷灌及喷泉水设备安装按本规范相应项目执行；市政庭院喷灌及喷泉水设备安装按国家标准《市政工程工程量计算规范》管网工程的相应项目执行。

8)《通用安装工程工程量计算规范》涉及到管沟、坑及井类的土方开挖、垫层、基础、砌筑、抹灰、地沟盖板预制安装、回填、运输、路面开挖及修复、管道支墩的项目,按国家标准《房屋建筑与装饰工程工程量计算规范》的相应项目执行。

4.2.4 分部分项工程

1)分部分项工程量清单应包括项目编码、项目名称、项目特征、计量单位和工程量。

2)分部分项工程量清单应根据《通用安装工程工程量计算规范》附录规定的项目编码、项目名称、项目特征、计量单位和工程量计算规则进行编制。

3)分部分项工程量清单的项目编码,应采用前十二位阿拉伯数字表示,一至九位应按附录的规定设置,十至十二位应根据拟建工程的工程量清单项目名称设置,同一招标工程的项目编码不得有重码。

4)分部分项工程量清单的项目名称应按《通用安装工程工程量计算规范》附录的项目名称结合拟建工程的实际确定。

5)分部分项工程量清单项目特征应按《通用安装工程工程量计算规范》附录中规定的项目特征,结合拟建工程项目的实际予以描述。

6)分部分项工程量清单中所列工程量应按《通用安装工程工程量计算规范》附录中规定的工程量计算规则计算。

7)分部分项工程量清单的计量单位应按《通用安装工程工程量计算规范》附录中规定的计量单位确定。

8)《通用安装工程工程量计算规范》附录中有两个或两个以上计量单位的,应结合拟建工程项目的实际情况,选择其中一个确定。

9)工程计量时每一项目汇总的有效位数应遵守下列规定:

(1)以"t"为单位,应保留小数点后三位数字,第四位小数四舍五入;

(2)以"m、m²、m³、kg"为单位,应保留小数点后两位数字,第三位小数四舍五入;

(3)以"台、个、件、套、根、组、系统"为单位,应取整数。

10)编制工程量清单出现《通用安装工程工程量计算规范》附录中未包括的项目,编制人应作补充,并报省级或行业工程造价管理机构备案,省级或行业工程造价管理机构应汇总报住房和城乡建设部标准定额研究所。补充项目的编码由《通用安装工程工程量计算规范》的代码03与B和三位阿拉伯数字组成,并应从03B001起顺序编制,同一招标工程的项目不得重码。工程量清单中需附有补充项目的名称、项目特征、计量单位、工程量计算规则、工程内容。

4.2.5 措施项目

1)措施项目中列出了项目编码、项目名称、项目特征、计量单位、工程量计算规则的项目,编制工程量清单时,应按照《通用安装工程工程量计算规范》中4的规定执行。

2)措施项目仅列出项目编码、项目名称,未列出项目特征、计量单位和工程量计算规则的项目,编制工程量清单时,应按《通用安装工程工程量计算规范》附录措施项目规定的项目编码、项目名称定。

3)措施项目应根据拟建工程的实际情况列项,若出现《通用安装工程工程量计算规范》未列的项目,可根据工程实际情况补充。编码规则《通用安装工程工程量计算规范》第4.0.10条执行。

第5章 电气设备安装工程工程量计算规则

5.1 变压器安装工程

5.1.1 全统安装定额①工程量计算规则

1)变压器安装,按不同容量以"台"为计量单位。

2)干式变压器如果带有保护罩时,其定额人工和机械乘以系数2.0。

3)变压器通过试验,判定绝缘受潮时才需进行干燥,所以只有需要干燥的变压器才能计取此项费用(编制施工图预算时可列此项,工程结算时根据实际情况再作处理),以"台"为计量单位。

4)消弧线圈的干燥按同容量电力变压器干燥定额执行,以"台"为计量单位。

5)变压器油过滤不论过滤多少次,直到过滤合格为止,以"t"为计量单位,其具体计算方法如下:

(1)变压器安装定额未包括绝缘油的过滤,需要过滤时,可按制造厂提供的油量计算。

(2)油断路器及其他充油设备的绝缘油过滤,可按制造厂规定的充油量计算。

5.1.2 新旧工程量计算规则对比

变压器安装工程工程量清单项目及计算规则变化情况,见表5-1。

表5-1 变压器安装工程

序号	"13规范"项目名称、编码	"08规范"项目名称、编码	变化情况
1	油浸电力变压器 (编码:030401001)	油浸电力变压器 (编码:030201001)	项目特征:变化 计量单位:不变 工程量计算规则:不变 工程内容:变化
2	干式变压器 (编码:030401002)	干式变压器 (编码:030201002)	项目特征:变化 计量单位:不变 工程量计算规则:不变 工程内容:变化
3	整流变压器 (编码:030401003)	整流变压器 (编码:030201003)	项目特征:变化 计量单位:不变 工程量计算规则:不变 工程内容:变化
4	自耦变压器 (编码:030401004)	自耦变压器 (编码:030201004)	项目特征:变化 计量单位:不变 工程量计算规则:不变 工程内容:变化
5	有载调压变压器 (编码:030401005)	带负荷调压变压器 (编码:030201005)	项目特征:变化 计量单位:不变 工程量计算规则:不变 工程内容:变化

---

① 《全国统一安装工程预算定额》,以下简称"全统安装定额"。

续表

序号	"13 规范"项目名称、编码	"08 规范"项目名称、编码	变化情况
6	电炉变压器 （编码:030401006）	电炉变压器 （编码:030201006）	项目特征:**变化** 计量单位:**不变** 工程量计算规则:**不变** 工程内容:**变化**
7	消弧线圈 （编码:030401007）	消弧线圈 （编码:030201007）	项目特征:**变化** 计量单位:**不变** 工程量计算规则:**不变** 工程内容:**变化**

5.1.3 "13 规范"清单计价工程量计算规则

变压器安装(编码:030401)工程量清单项目设置及工程量计算规则,见表 5-2。

表 5-2 变压器安装(编码:030401)

项目编码	项目名称	项目特征	计量单位	工程量计算规则	工作内容
030401001	油浸电力变压器	1. 名称 2. 型号 3. 容量(kV·A) 4. 电压(kV) 5. 油过滤要求 6. 干燥要求 7. 基础型钢形式、规格 8. 网门、保护门材质、规格 9. 温控箱型号、规格			1. 本体安装 2. 基础型钢制作、安装 3. 油过滤 4. 干燥 5. 接地 6. 网门、保护门制作、安装 7. 补刷(喷)油漆
030401002	干式变压器				1. 本体安装 2. 基础型钢制作、安装 3. 温控箱安装 4. 接地 5. 网门、保护门制作、安装 6. 补刷(喷)油漆
030401003	整流变压器	1. 名称 2. 型号 3. 容量(kV·A) 4. 电压(kV) 5. 油过滤要求 6. 干燥要求 7. 基础型钢形式、规格 8. 网门、保护门材质、规格	台	按设计图示数量计算	1. 本体安装 2. 基础型钢制作、安装 3. 油过滤 4. 干燥 5. 网门、保护门制作、安装 6. 补刷(喷)油漆
030401004	自耦变压器				
030401005	有载调压变压器				
030401006	电炉变压器	1. 名称 2. 型号 3. 容量(kV·A) 4. 电压(kV) 5. 基础型钢形式、规格 6. 网门、保护门材质、规格			1. 本体安装 2. 基础型钢制作、安装 3. 网门、保护门制作、安装 4. 补刷(喷)油漆
030401007	消弧线圈	1. 名称 2. 型号 3. 容量(kV·A) 4. 电压(KV) 5. 油过滤要求 6. 干燥要求 7. 基础型钢形式、规格			1. 本体安装 2. 基础型钢制作、安装 3. 油过滤 4. 干燥 5. 补刷(喷)油漆

5.2　配电装置安装工程

5.2.1　全统安装定额工程量计算规则

1）断路器、电流互感器、电压互感器、油浸电抗器、电力电存器及电容器柜的安装,以"台(个)"为计量单位。

2）隔离开关、负荷开关、熔断器、避雷器、干式电抗器的安装,以"组"为计量单位,每组按三相计算。

3）交流滤波装置的安装以"台"为计量单位。每套滤波装置包括三台组架安装,不包括设备本身及铜母线的安装,其工程量应按相应定额另行计算。

4）高压设备安装定额内均不包括绝缘台的安装,其工程量应按施工图设计执行相应定额。

5）高压成套配电柜和箱式变电站的安装以"台"为计量单位,均未包括基础槽钢、母线及引下线的配置安装。

6）配电设备安装的支架、抱箍及延长轴、轴套、间隔板等,按施工图设计的需要量计算,执行铁构件制作安装定额或成品价。

7）绝缘油、六氟化硫气体、液压油等均按设备带有考虑。电气设备以外的加压设备和附属管道的安装应按相应定额另行计算。

8）配电设备的端子板外部接线,应按相应定额另行计算。

9）设备安装用的地脚螺栓按土建预埋考虑,不包括二次灌浆。

5.2.2　新旧工程量计算规则对比

配电装置安装工程工程量清单项目及计算规则变化情况,见表5-3。

表5-3　配电装置安装工程

序号	"13规范"项目名称、编码	"08规范"项目名称、编码	变化情况
1	油断路器 （编码:030402001）	油断路器 （编码:030202001）	项目特征:变化 计量单位:不变 工程量计算规则:不变 工程内容:变化
2	真空断路器 （编码:030402002）	真空断路器 （编码:030202002）	项目特征:变化 计量单位:不变 工程量计算规则:不变 工程内容:变化
3	SF$_6$断路器 （编码:030402003）	SF$_6$断路器 （编码:030202003）	项目特征:变化 计量单位:不变 工程量计算规则:不变 工程内容:变化
4	空气断路器 （编码:030402004）	空气断路器 （编码:030202004）	项目特征:变化 计量单位:不变 工程量计算规则:不变 工程内容:变化
5	真空接触器 （编码:030402005）	真空接触器 （编码:030202005）	项目特征:变化 计量单位:不变 工程量计算规则:不变 工程内容:变化

续表

序号	"13规范"项目名称、编码	"08规范"项目名称、编码	变化情况
6	隔离开关 （编码:030402006）	隔离开关 （编码:030202006）	项目特征:变化 计量单位:不变 工程量计算规则:不变 工程内容:变化
7	负荷开关 （编码:030402007）	负荷开关 （编码:030202007）	项目特征:变化 计量单位:不变 工程量计算规则:不变 工程内容:变化
8	互感器 （编码:030402008）	互感器 （编码:030202008）	项目特征:变化 计量单位:不变 工程量计算规则:不变 工程内容:变化
9	高压熔断器 （编码:030402009）	高压熔断器 （编码:030202009）	项目特征:变化 计量单位:不变 工程量计算规则:不变 工程内容:变化
10	避雷器 （编码:030402010）	避雷器 （编码:030202010）	项目特征:变化 计量单位:不变 工程量计算规则:不变 工程内容:变化
11	干式电抗器 （编码:030402011）	干式电抗器 （编码:030202011）	项目特征:变化 计量单位:不变 工程量计算规则:不变 工程内容:不变
12	油浸电抗器 （编码:030402012）	油浸电抗器 （编码:030202012）	项目特征:变化 计量单位:不变 工程量计算规则:不变 工程内容:不变
13	移相及串联电容器 （编码:030402013）	移相及串联电容器 （编码:030202013）	项目特征:变化 计量单位:不变 工程量计算规则:不变 工程内容:变化
14	集合式并联电容器 （编码:030402014）	集合式并联电容器 （编码:030202014）	项目特征:变化 计量单位:不变 工程量计算规则:不变 工程内容:变化
15	并联补偿电容器组架 （编码:030402015）	并联补偿电容器组架 （编码:030202015）	项目特征:变化 计量单位:不变 工程量计算规则:不变 工程内容:变化
16	交流滤波装置组架 （编码:030402016）	交流滤波装置组架 （编码:030202016）	项目特征:变化 计量单位:不变 工程量计算规则:不变 工程内容:变化
17	高压成套配电柜 （编码:030402017）	高压成套配电柜 （编码:030202017）	项目特征:变化 计量单位:不变 工程量计算规则:不变 工程内容:变化

序号	"13 规范"项目名称、编码	"08 规范"项目名称、编码	变化情况
18	组合型成套箱式变电站（编码:030402018)	组合型成套箱式变电站（编码:030202018)	项目特征:**变化** 计量单位:**不变** 工程量计算规则:**不变** 工程内容:**变化**

5.2.3 "13 规范"清单计价工程量计算规则

配电装置安装(编码:030402)工程量清单项目设置及工程量计算规则,见表 5-4

表 5-4 配电装置安装(编码:030402)

项目编码	项目名称	项目特征	计量单位	工程量计算规则	工作内容
030402001	油断路器	1. 名称 2. 型号 3. 容量(A) 4. 电压等级(kV) 5. 安装条件 6. 操作机构名称及型号 7. 基础型钢规格 8. 接线材质、规格 9. 安装部位 10. 油过滤要求	台	按设计图示数量计算	1. 本地安装、调试 2. 基础型钢制作、安装 3. 油过滤 4. 补刷(喷)油漆 5. 接地
030402002	真空断路器		台		1. 本地安装、调试 2. 基础型钢制作、安装 3. 补刷(喷)油漆 4. 接地
030402003	SF₆ 断路器				
030402004	空气断路器	1. 名称 2. 型号 3. 容量(A) 4. 电压等级(kV) 5. 安装条件 6. 操作机构名称及型号 7. 接线材质、规格 8. 安装部位	组		1. 本地安装、调试 2. 补刷(喷)油漆 3. 接地
030402005	真空接触器				
030402006	隔离开关				
030402007	负荷开关				
030402008	互感器	1. 名称 2. 型号 3. 规格 4. 类型 5. 油过滤要求	台		1. 本地安装、调试 2. 干燥 3. 油过滤 4. 接地
030402009	高压熔断器	1. 名称 2. 型号 3. 规格 4. 安装部位			1. 本地安装、调试 2. 接地
030402010	避雷器	1. 名称 2. 型号 3. 规格 4. 电压等级 5. 安装部位			1. 本地安装 2. 接地
030402011	干式电抗器	1. 名称 2. 型号 3. 规格 4. 质量 5. 安装部位 6. 干燥要求			1. 本地安装 2. 干燥

项目编码	项目名称	项目特征	计量单位	工程量计算规则	工作内容
030402012	油浸电抗器	1. 名称 2. 型号 3. 规格 4. 容量(kV·A) 5. 油过滤要求 6. 干燥要求	台	按设计图示数量计算	1. 本地安装 2. 油过滤 3. 干燥
030402013	移相及串联电容器	1. 名称 2. 型号 3. 规格 4. 质量 5. 安装部位	个		1. 本地安装 2. 接地
030402014	集合式并联电容器				
030402015	并联补偿电容器组架	1. 名称 2. 型号 3. 规格 4. 结构形式			
030402016	交流滤波装置组架	1. 名称 2. 型号 3. 规格			
030402017	高压成套配电柜	1. 名称 2. 型号 3. 规格 4. 母线配置方式 5. 种类 6. 基础型钢形式、规格	台		1. 本地安装 2. 基础型钢制作、安装 3. 补刷(喷)油漆 4. 接地
030402018	组合型成套箱式变电站	1. 名称 2. 型号 3. 容量(kV·A) 4. 电压(kV) 5. 组合形式 6. 基础规格、浇筑材质			1. 本地安装 2. 基础浇筑 3. 进箱母线安装 4. 补刷(喷)油漆 5. 接地

5.3　母线安装工程

5.3.1　全统安装定额工程量计算规则

1)悬垂绝缘子串安装,指垂直或 V 型安装的提挂导线、跳线、引下线、设备连接线或设备等所用的绝缘子串安装,按单、双串分别以"串"为计量单位。耐张绝缘子串的安装,已包括在软母线安装定额内。

2)支持绝缘子安装分别按安装在户内、户外、单孔、双孔、四孔固定,以"个"为计量单位。

3)穿墙套管安装不分水平、垂直安装,均以"个"为计量单位。

4)软母线安装,指直接由耐张绝缘子串悬挂部分,按软母线截面大小分别以"跨/三相"为计量单位。设计跨距不同时,不得调整。导线、绝缘子、线夹、弛度调节金具等均按施工图设计用量加定额规定的损耗率计算。

5)软母线引下线,指由 T 型线夹或并沟线夹从软母线引向设备的连接线,以"组"为计量单位,每三相为一组;软母线经终端耐张线夹引下(不经 T 型线夹或并沟线夹引下)与设备连接的部分均执行引下线定额,不得换算。

6)两跨软母线间的跳引线安装,以"组"为计量单位,每三相为一组。不论两端的耐张线夹是螺栓式或压接式,均执行软母线跳线定额,不得换算。

7)设备连接线安装,指两设备间的连接部分。不论引下线、跳线、设备连接线,均应分别按导线截面、三相为一组计算工程量。

8)组合软母线安装,按三相为一组计算,跨距(包括水平悬挂部分和两端引下部分之和)系以 45m 以内考虑,跨度的长与短不得调整。导线、绝缘子、线夹、金具按施工图设计用量加定额规定的损耗率计算。

9)软母线安装预留长度按表 5-5 计算。

表 5-5　软母线安装预留长度　　　　　　　　　　　(单位:m/根)

项　　目	耐　　张	跳　　线	引下线、设备连接线
预留长度	2.5	0.8	0.6

10)带型母线安装及带型母线引下线安装包括铜排、铝排,分别以不同截面和片数以"m/单相"为计量单位。母线和固定母线的金具均按设计量加损耗率计算。

11)钢带型母线安装,按同规格的铜母线定额执行,不得换算。

12)母线伸缩接头及铜过渡板安装,均以"个"为计量单位。

13)槽型母线安装以"m/单相"为计量单位。槽型母线与设备连接,分别以连接不同的设备以"台"为计量单位。槽型母线及固定槽型母线的金具按设计用量加损耗率计算。壳的大小尺寸以"m"为计量单位,长度按设计共销母线的轴线长度计算。

14)低压(指 380V 以下)封闭式插接母线槽安装,分别按导体的额定电流大小以"m"为计量单位,长度按设计母线的轴线长度计算,分线箱以"台"为计量单位,分别以电流大小按设计数量计算。

15)重型母线安装包括铜母线、铝母线,分别按截面大小以母线的成品质量以"t"为计量单位。

16)重型铝母线接触面加工指铸造件需加工接触面时,可以按其接触面大小,分别以"片/单相"为计量单位。

17)硬母线配置安装预留长度按表 5-6 的规定计算。

表 5-6　硬母线配置安装预留长度　　　　　　　　(单位:m/根)

序号	项目	预留(附加)长度	说明
1	带形、槽形母线终端	0.3m	从最后一个支持点算起
2	带形、槽形母线与分支线连接	0.5m	分支线预留
3	带形母线与设备连接	0.5m	从设备端子接口算起
4	多片重型母线与设备连接	1.0m	从设备端子接口算起
5	槽形母线与设备连接	0.5m	从设备端子接口算起
6	接地母线、避雷网附加长度	3.9%	按接地母线、避雷网全长计算

18）带形母线、槽形母线安装均不包括支持瓷瓶安装和钢构件配置安装,其工程量应分别按设计成品数量执行相应定额。

5.3.2 新旧工程量计算规则对比

母线安装工程工程量清单项目及计算规则变化情况,见表5-7。

表5-7 母线安装工程

序号	"13规范"项目名称、编码	"08规范"项目名称、编码	变化情况
1	软母线 （编码:030403001）	软母线 （编码:030203001）	项目特征:变化 计量单位:不变 工程量计算规则:不变 工程内容:变化
2	组合软母线 （编码:030403002）	组合软母线 （编码:030203002）	项目特征:变化 计量单位:不变 工程量计算规则:不变 工程内容:变化
3	带形母线 （编码:030403003）	带形母线 （编码:030203003）	项目特征:变化 计量单位:不变 工程量计算规则:不变 工程内容:变化
4	槽形母线 （编码:030403004）	槽形母线 （编码:030203004）	项目特征:变化 计量单位:不变 工程量计算规则:不变 工程内容:不变
5	共箱母线 （编码:030403005）	共箱母线 （编码:030203005）	项目特征:变化 计量单位:不变 工程量计算规则:不变 工程内容:不变
6	低压封闭式插接母线槽 （编码:030403006）	低压封闭式插接母线槽 （编码:030203006）	项目特征:变化 计量单位:不变 工程量计算规则:不变 工程内容:变化
7	始端箱、分线箱 （编码:030403007）	无	**新增**
8	重型母线 （编码:030403008）	重型母线 （编码:030203007）	项目特征:变化 计量单位:不变 工程量计算规则:不变 工程内容:变化

5.3.3 "13规范"清单计价工程量计算规则

母线安装（编码:030403）工程量清单项目设置及工程量计算规则,见表5-8。

表5-8 母线安装（编码:030403）

项目编码	项目名称	项目特征	计量单位	工程量计算规则	工作内容
030403001	软母线	1. 名称 2. 材质 3. 型号 4. 规格 5. 绝缘子类型、规格	m	按设计图示尺寸以单相长度计算（含预留长度）	1. 母线安装 2. 绝缘子耐压试验 3. 跳线安装 4. 绝缘子安装
030403002	组合软母线				

项目编码	项目名称	项目特征	计量单位	工程量计算规则	工作内容
030403003	带形母线	1. 名称 2. 型号 3. 规格 4. 材质 5. 绝缘子类型、规格 6. 穿墙套管材质、规格 7. 穿通板材质、规格 8. 母线桥材质、规格 9. 引下线材质、规格 10. 伸缩节、过渡板材质、规格 11. 分相漆品种	m	按设计图示尺寸以单相长度计算(含预留长度)	1. 母线安装 2. 穿通板制作、安装 3. 支持绝缘子、穿墙套管的耐压试验、安装 4. 引下线安装 5. 伸缩节安装 6. 过渡板安装 7. 刷分相漆
030403004	槽形母线	1. 名称 2. 型号 3. 规格 4. 材质 5. 连接设备名称、规格 6. 分相漆品种			1. 母线制作、安装 2. 与发电机、变压器连接 3. 与断路器、隔离开关连接 4. 刷分相漆
030403005	共箱母线	1. 名称 2. 型号 3. 规格 4. 材质		按设计图示尺寸以中心线长度计算	1. 母线安装 2. 补刷(喷)油漆
030403006	低压封闭式插接母线槽	1. 名称 2. 型号 3. 规格 4. 容量(A) 5. 线制 6. 安装部位			
030403007	始端箱、分线箱	1. 名称 2. 型号 3. 规格 4. 容量(A)	台	按设计图示数量计算	1. 本地安装 2. 补刷(喷)油漆
030403008	重型母线	1. 名称 2. 型号 3. 规格 4. 容量(A) 5. 材质 6. 绝缘子类型、规格 7. 伸缩器及导板规格	t	按设计图示尺寸以质量计算	1. 母线制作、安装 2. 伸缩器及导板制作、安装 3. 支持绝缘子安装 4. 补刷(喷)油漆

5.4 控制设备及低压电器安装工程

5.4.1 全统安装定额工程量计算规则

(1)控制设备及低压电器安装均以"台"为计量单位。以上设备安装均未包括基础槽钢、角钢的制作安装,其工程量应按相应定额另行计算。

(2)铁构件制作安装均按施工图设计尺寸,以成品质量"kg"为计量单位。

（3）网门、保护网制作安装，按网门或保护网设计图示的框外围尺寸，以"m²"为计量单位。

（4）盘柜配线分不同规格，以"m"为计量单位。

（5）盘、箱、柜的外部进出线预留长度按表 5-9 计算。

表 5-9　盘、箱、柜的外部进出线预留长度　（单位：m/根）

序号	项　　　目	预留长度	说　　　明
1	各种箱、柜、盘、板、盒	高 + 宽	盘面尺寸
2	单独安装的铁壳开关、自动开关、刀开关、启动器、箱式电阻器、变阻器	0.5	从安装对象中心算起
3	继电器、控制开关、信号灯、按钮、熔断器等小电器	0.3	从安装对象中心算起
4	分支接头	0.2	分支线预留

（6）配电板制作安装及包铁皮，按配电板图示外形尺寸，以"m²"为计量单位。

（7）焊（压）接线端子定额只适用于导线—电缆终端头制作安装定额中已包括压接线端子，不得重复计算。

（8）端子板外部接线按设备盘、箱柜、台的外部接线图计算，以"个头"为计量单位。

（9）盘、柜配线定额只适用于盘上小设备元件的少量现场配线，不适用于工厂的设备修、配、改工程。

5.4.2　新旧工程量计算规则对比

控制设备及低压电器安装工程工程量清单项目及计算规则变化情况，见表 5-10。

表 5-10　控制设备及低压电器安装工程

序号	"13 规范"项目名称、编码	"08 规范"项目名称、编码	变化情况
1	控制屏 （编码：030404001）	控制屏 （编码：030204001）	项目特征：变化 计量单位：不变 工程量计算规则：不变 工程内容：变化
2	继电、信号屏 （编码：030404002）	继电、信号屏 （编码：030204002）	项目特征：变化 计量单位：不变 工程量计算规则：不变 工程内容：变化
3	模拟屏 （编码：030404003）	模拟屏 （编码：030204003）	项目特征：变化 计量单位：不变 工程量计算规则：不变 工程内容：变化
4	低压开关柜（屏） （编码：030404004）	低压开关柜（屏） （编码：030204004）	项目特征：变化 计量单位：不变 工程量计算规则：不变 工程内容：变化
5	弱电控制返回屏 （编码：030404005）	弱电控制返回屏 （编码：030204006）	项目特征：变化 计量单位：不变 工程量计算规则：不变 工程内容：变化
6	箱式配电室 （编码：030404006）	箱式配电室 （编码：030204007）	项目特征：变化 计量单位：不变 工程量计算规则：不变 工程内容：变化

序号	"13 规范"项目名称、编码	"08 规范"项目名称、编码	变化情况
7	硅整流柜 （编码:030404007）	硅整流柜 （编码:030204008）	项目特征:变化 计量单位:不变 工程量计算规则:不变 工程内容:变化
8	可控硅柜 （编码:030404008）	可控硅柜 （编码:030204009）	项目特征:变化 计量单位:不变 工程量计算规则:不变 工程内容:变化
9	低压电容器柜 （编码:030404009）	低压电容器柜 （编码:030204010）	项目特征:变化 计量单位:不变 工程量计算规则:不变 工程内容:变化
10	自动调节励磁屏 （编码:030404010）	自动调节励磁屏 （编码:030204011）	项目特征:变化 计量单位:不变 工程量计算规则:不变 工程内容:变化
11	励磁灭磁屏 （编码:030404011）	励磁灭磁屏 （编码:030204012）	项目特征:变化 计量单位:不变 工程量计算规则:不变 工程内容:变化
12	蓄电池屏（柜） （编码:030404012）	蓄电池屏（柜） （编码:030204013）	项目特征:变化 计量单位:不变 工程量计算规则:不变 工程内容:变化
13	直流馈电屏 （编码:030404013）	直流馈电屏 （编码:030204014）	项目特征:变化 计量单位:不变 工程量计算规则:不变 工程内容:变化
14	事故照明切换屏 （编码:030404014）	事故照明切换屏 （编码:030204015）	项目特征:变化 计量单位:不变 工程量计算规则:不变 工程内容:变化
15	控制台 （编码:030404015）	控制台 （编码:030204016）	项目特征:变化 计量单位:不变 工程量计算规则:不变 工程内容:变化
16	控制箱 （编码:030404016）	控制箱 （编码:030204017）	项目特征:变化 计量单位:不变 工程量计算规则:不变 工程内容:变化
17	配电箱 （编码:030404017）	配电箱 （编码:030204018）	项目特征:变化 计量单位:不变 工程量计算规则:不变 工程内容:变化
18	插座箱（编码:030404018）	无	**新增**
19	控制开关 （编码:030404019）	控制开关 （编码:030204019）	项目特征:变化 计量单位:不变 工程量计算规则:不变 工程内容:变化

续表

序号	"13 规范"项目名称、编码	"08 规范"项目名称、编码	变化情况
20	低压熔断器 （编码:030404020）	低压熔断器 （编码:030204020）	项目特征:变化 计量单位:不变 工程量计算规则:不变 工程内容:变化
21	限位开关 （编码:030404021）	限位开关 （编码:030204021）	项目特征:变化 计量单位:不变 工程量计算规则:不变 工程内容:变化
22	控制器 （编码:030404022）	控制器 （编码:030204022）	项目特征:变化 计量单位:不变 工程量计算规则:不变 工程内容:变化
23	接触器 （编码:030404023）	接触器 （编码:030204023）	项目特征:变化 计量单位:不变 工程量计算规则:不变 工程内容:变化
24	磁力启动器 （编码:030404024）	磁力启动器 （编码:030204024）	项目特征:变化 计量单位:不变 工程量计算规则:不变 工程内容:变化
25	Y-△自耦减压启动器 （编码:030404025）	Y-△自耦减压启动器 （编码:030204025）	项目特征:变化 计量单位:不变 工程量计算规则:不变 工程内容:变化
26	电磁铁(电磁制动器) （编码:030404026）	电磁铁(电磁制动器) （编码:030204026）	项目特征:变化 计量单位:不变 工程量计算规则:不变 工程内容:变化
27	快速自动开关 （编码:030404027）	快速自动开关 （编码:030204027）	项目特征:变化 计量单位:不变 工程量计算规则:不变 工程内容:变化
28	电阻器 （编码:030404028）	电阻器 （编码:030204028）	项目特征:变化 计量单位:变化 工程量计算规则:不变 工程内容:变化
29	油浸频敏变阻器 （编码:030404029）	油浸频敏变阻器 （编码:030204029）	项目特征:变化 计量单位:不变 工程量计算规则:不变 工程内容:变化
30	分流器 （编码:030404030）	分流器 （编码:030204030）	项目特征:变化 计量单位:变化 工程量计算规则:不变 工程内容:变化
31	小电器 （编码:030404031）	小电器 （编码:030204031）	项目特征:变化 计量单位:变化 工程量计算规则:不变 工程内容:变化

序号	"13规范"项目名称、编码	"08规范"项目名称、编码	变化情况
32	端子箱(编码:030404032)	无	**新增**
33	风扇(编码:030404033)	无	**新增**
34	照明开关(编码:030404034)	无	**新增**
35	插座(编码:030404035)	无	**新增**
36	其他电器(编码:030404036)	无	**新增**

5.4.3 "13规范"清单计价工程量计算规则

控制设备及低压电器安装(编码:030404)工程量清单项目设置及工程量计算规则,见表5-11。

表5-11 控制设备及低压电器安装(编码:030404)

项目编码	项目名称	项目特征	计量单位	工程量计算规则	工作内容
030404001	控制屏	1. 名称 2. 型号 3. 规格 4. 种类 5. 基础型钢形式、规格 6. 接线端子材质、规格 7. 端子板外部接线材质、规格 8. 小母线材质、规格 9. 屏边规格	台	按设计图示数量计算	1. 本体安装 2. 基础型钢制作、安装 3. 端子板安装 4. 焊、压接线端子 5. 盘柜配线、端子接线 6. 小母线安装 7. 屏边安装 8. 补刷(喷)油漆 9. 接地
030404002	继电、信号屏				
030404003	模拟屏				
030404004	低压开关柜(屏)		台		1. 本体安装 2. 基础型钢制作、安装 3. 端子板安装 4. 焊、压接线端子 5. 盘柜配线、端子接线 6. 屏边安装 7. 补刷(喷)油漆 8. 接地
030404005	弱电控制返回屏	1. 名称 2. 型号 3. 规格 4. 种类 5. 基础型钢形式、规格 6. 接线端子材质、规格 7. 端子板外部接线材质、规格 8. 小母线材质、规格 9. 屏边规格	台		1. 本体安装 2. 基础型钢制作、安装 3. 端子板安装 4. 焊、压接线端子 5. 盘柜配线、端子接线 6. 小母线安装 7. 屏边安装 8. 补刷(喷)油漆 9. 接地
030404006	箱式配电室	1. 名称 2. 型号 3. 规格 4. 质量 5. 基础规格、浇筑材质 6. 基础型钢形式、规格	套		1. 本体安装 2. 基础型钢制作、安装 3. 基础浇筑 4. 补刷(喷)油漆 5. 接地
030404007	硅整流柜	1. 名称 2. 型号 3. 规格 4. 容量(A) 5. 基础型钢形式、规格	台		1. 本体安装 2. 基础型钢制作、安装 3. 补刷(喷)油漆 4. 接地

续表

项目编码	项目名称	项目特征	计量单位	工程量计算规则	工作内容
030404008	可控硅柜	1. 名称 2. 型号 3. 规格 4. 容量（kW） 5. 基础型钢形式、规格	台	按设计图示数量计算	1. 本体安装 2. 基础型钢制作、安装 3. 补刷（喷）油漆 4. 接地
030404009	低压电容器柜	1. 名称 2. 型号 3. 规格 4. 基础型钢形式、规格 5. 接线端子材质、规格 6. 端子板外部接线材质、规格 7. 小母线材质、规格 8. 屏边规格			1. 本体安装 2. 基础型钢制作、安装 3. 端子板安装 4. 焊、压接线端子 5. 盘柜配线、端子接线 6. 小母线安装 7. 屏边安装 8. 补刷（喷）油漆 9. 接地
030404010	自动调节励磁屏				
030404011	励磁灭磁屏				
030404012	蓄电池屏（柜）				
030404013	直流馈电屏				
030404014	事故照明切换屏				
030404015	控制台	1. 名称 2. 型号 3. 规格 4. 基础型钢形式、规格 5. 接线端子材质、规格 6. 端子板外部接线材质、规格 7. 小母线材质、规格			1. 本体安装 2. 基础型钢制作、安装 3. 端子板安装 4. 焊、压接线端子 5. 盘柜配线、端子接线 6. 小母线安装 7. 补刷（喷）油漆 8. 接地
030404016	控制箱	1. 名称 2. 型号 3. 规格 4. 基础形式、材质、规格 5. 接线端子材质、规格 6. 端子板外部接线材质、规格 7. 安装方式			1. 本体安装 2. 基础型钢制作、安装 3. 焊、压接线端子 4. 补刷（喷）油漆 5. 接地
030404017	配电箱				
030404018	插座箱	1. 名称 2. 型号 3. 规格 4. 安装方式			1. 本体安装 2. 接地
030404019	控制开关	1. 名称 2. 型号 3. 规格 4. 接线端子材质、规格 5. 额定电流（A）	个		1. 本体安装 2. 焊、压接线端子 3. 接线
030404020	低压熔断器	1. 名称 2. 型号 3. 规格 4. 接线端子材质、规格			
030404021	限位开关				

项目编码	项目名称	项目特征	计量单位	工程量计算规则	工作内容
030404022	控制器	1. 名称 2. 型号 3. 规格 4. 接线端子材质、规格	台		1. 本体安装 2. 焊、压接线端子 3. 接线
030404023	接触器				
030404024	磁力启动器				
030404025	Y-Δ自耦减压启动器				
030404026	电磁铁（电磁制动器）				
030404027	快速自动开关				
030404028	电阻器		箱		
030404029	油浸频敏变阻器		台	按设计图示数量计算	
030404030	分流器	1. 名称 2. 型号 3. 规格 4. 容量(A) 5. 接线端子材质、规格	个		1. 本体安装 2. 焊、压接线端子 3. 接线
030404031	小电器	1. 名称 2. 型号 3. 规格 4. 接线端子材质、规格	个 （套、台）		
030404032	端子箱	1. 名称 2. 型号 3. 规格 4. 安装部位	台		1. 本体安装 2. 接线
030404033	风扇	1. 名称 2. 型号 3. 规格 4. 安装方式			1. 本体安装 2. 调速开关安装
030404034	照明开关	1. 名称 2. 型号 3. 规格 4. 安装方式	个		1. 开关安装 2. 接线
030404035	插座				1. 插座安装 2. 接线
030404036	其他电器	1. 名称 2. 规格 3. 安装方式	个 （套、台）		1. 安装 2. 接线

5.5 蓄电池安装工程

5.5.1 全统安装定额工程量计算规则

（1）铅酸蓄电池和碱性蓄电池安装，分别按容量大小以单体蓄电池"个"为计量单应，按施工图设计的数量计算工程量。定额内已包括了电解液的材料消耗，执行时不得调整。

（2）免维护蓄电池安装以"组件"为计量单位。

例如：某项工程设计一组蓄电池为 220V/500A·h，由 12V 的组件 18 个组成.那么就应该套用 12V/500A·h 的定额 18 组件。

（3）蓄电池充放电按不同容量以"组"为计量单位。

5.5.2 新旧工程量计算规则对比

蓄电池安装工程工程量清单项目及计算规则变化情况，见表 5-12。

表 5-12　蓄电池安装工程

序号	"13 规范"项目名称、编码	"08 规范"项目名称、编码	变化情况
1	蓄电池 （编码：030405001）	蓄电池 （编码：030205001）	项目特征：**变化** 计量单位：**变化** 工程量计算规则：**不变** 工程内容：**不变**
2	太阳能电池 （编码：030405002）	无	**新增**

5.5.3 "13 规范"清单计价工程量计算规则

蓄电池安装（编码：030405）工程量清单项目设置及工程量计算规则，见表 5-13。

表 5-13　蓄电池安装（编码：030405）

项目编码	项目名称	项目特征	计量单位	工程量计算规则	工作内容
030405001	蓄电池	1. 名称 2. 型号 3. 容量（A·h） 4. 防震支架形式、材质 5. 充放电要求	个（组件）	按设计图示数量计算	1. 本体安装 2. 防震支架安装 3. 充放电
030405002	太阳能电池	1. 名称 2. 型号 3. 规格 4. 容量 5. 安装方式	组		1. 安装 2. 电池方阵铁架安装 3. 联调

5.6　电机检查接线及调试工程

5.6.1 全统安装定额工程量计算规则

1）发电机、调相机、电动机的电气检查接线，均以"台"为计量单位。直流发电机组和多台一串的机组，按单台电机分别执行定额。

2）起重机上的电气设备、照明装置和电缆管线等安装，均执行定额的相应定额。

3）电气安装规范要求每台电机接线均需要配金属软管，设计有规定的，按设计规格和数量计算；设计没有规定的.平均每台电机配相应规格的金属软管 1.25m 和与之配套的金属软管专用活接头。

4）电机检查接线定额，除发电机和调相机外，均不包括电机干燥，发生时其工程量应按电机干燥定额另行计算。电机干燥定额系按一次干燥所需的工、料、机消耗量考虑，在特别潮湿的地方，电机需要进行多次干燥，应按实际干燥次数计算。在气候干燥、电机绝缘性能良好、符

合技术标准而不需要干燥时,则不计算干燥费用。实行包干的工程,可参照以下比例,由有关各方协商而定:

(1)低压小型电机 3kW 以下,按 25% 的比例考虑干燥。

(2)低压小型电机 3kW 以上至 220kW,按 30% ~50% 考虑干燥。

(3)大中型电机按 100% 考虑一次干燥。

5)电机解体检查定额,应根据需要选用。如不需要解体时,可只执行电机检查接线定额。

6)电机定额的界线划分:单台电机质量在 3t 以下的,为小型电机;单台电机质量在 3 ~30t 的,为中型电机;单台电机质量在 30t 以上的为大型电机。

7)小型电机按电机类别和功率大小执行相应定额,大、中型电机不分类别一律按电机质量执行相应定额。

8)与机械同底座的电机和装在机械设备上的电机安装,执行《机械设备安装工程》的电机安装定额;独立安装的电机,执行电机安装定额。

5.6.2 新旧工程量计算规则对比

电机检查接线及调试工程工程量清单项目及计算规则变化情况,见表5-14。

表 5-14 电机检查接线及调试工程

序号	"13 规范"项目名称、编码	"08 规范"项目名称、编码	变化情况
1	发电机 (编码:030406001)	发电机 (编码:030206001)	项目特征:**变化** 计量单位:**不变** 工程量计算规则:**不变** 工程内容:**变化**
2	调相机 (编码:030406002)	调相机 (编码:030206002)	项目特征:**变化** 计量单位:**不变** 工程量计算规则:**不变** 工程内容:**变化**
3	普通小型直流电动机 (编码:030406003)	普通小型直流电动机 (编码:030206003)	项目特征:**变化** 计量单位:**不变** 工程量计算规则:**不变** 工程内容:**变化**
4	可控硅调速直流电动机 (编码:030406004)	可控硅调速直流电动机 (编码:030206004)	项目特征:**变化** 计量单位:**不变** 工程量计算规则:**不变** 工程内容:**变化**
5	普通交流同步电动机 (编码:030406005)	普通交流同步电动机 (编码:030206005)	项目特征:**变化** 计量单位:**不变** 工程量计算规则:**不变** 工程内容:**变化**
6	低压交流异步电动机 (编码:030406006)	低压交流异步电动机 (编码:030206006)	项目特征:**变化** 计量单位:**不变** 工程量计算规则:**不变** 工程内容:**变化**
7	高压交流异步电动机 (编码:030406007)	高压交流异步电动机 (编码:030206007)	项目特征:**变化** 计量单位:**不变** 工程量计算规则:**不变** 工程内容:**变化**

序号	"13 规范"项目名称、编码	"08 规范"项目名称、编码	变化情况
8	交流变频调速电动机 （编码：030406008）	交流变频调速电动机 （编码：030206008）	项目特征：变化 计量单位：不变 工程量计算规则：不变 工程内容：变化
9	微型电机、电加热器 （编码：030406009）	微型电机、电加热器 （编码：030206009）	项目特征：变化 计量单位：不变 工程量计算规则：不变 工程内容：变化
10	电动机组 （编码：030406010）	电动机组 （编码：030206010）	项目特征：变化 计量单位：不变 工程量计算规则：不变 工程内容：变化
11	备用励磁机组 （编码：030406011）	备用励磁机组 （编码：030206011）	项目特征：变化 计量单位：不变 工程量计算规则：不变 工程内容：变化
12	励磁电阻器 （编码：030406012）	励磁电阻器 （编码：030206012）	项目特征：变化 计量单位：不变 工程量计算规则：不变 工程内容：不变

5.6.3　"13 规范"清单计价工程量计算规则

电机检查接线及调试（编码：030406）工程量清单项目设置及工程量计算规则，见表 5-15。

表 5-15　电机检查接线及调试（编码：030406）

项目编码	项目名称	项目特征	计量单位	工程量计算规则	工作内容
030406001	发电机	1. 名称 2. 型号 3. 容量（kW） 4. 接线端子材质、规格 5. 干燥要求	台	按设计图示数量计算	1. 检查接线 2. 接地 3. 干燥 4. 调试
030406002	调相机				
030406003	普通小型直流电动机				
030406004	可控硅调速直流电动机	1. 名称 2. 型号 3. 容量（kW） 4. 类型 5. 接线端子材质、规格 6. 干燥要求			
030406005	普通交流同步电动机	1. 名称 2. 型号 3. 容量（kW） 4. 启动方式 5. 电压等级（kV） 6. 接线端子材质、规格 7. 干燥要求			
030406006	低压交流异步电动机	1. 名称 2. 型号 3. 容量（kW） 4. 控制保护方式 5. 接线端子材质、规格 6. 干燥要求			

项目编码	项目名称	项目特征	计量单位	工程量计算规则	工作内容
030406007	高压交流异步电动机	1. 名称 2. 型号 3. 容量（kW） 4. 保护类别 5. 接线端子材质、规格 6. 干燥要求	台	按设计图示数量计算	1. 检查接线 2. 接地 3. 干燥 4. 调试
030406008	交流变频调速电动机	1. 名称 2. 型号 3. 容量（kW） 4. 类别 5. 接线端子材质、规格 6. 干燥要求			
030406009	微型电机、电加热器	1. 名称 2. 型号 3. 规格 4. 接线端子材质、规格 5. 干燥要求			
030406010	电动机组	1. 名称 2. 型号 3. 电动机台数 4. 联锁台数 5. 接线端子材质、规格 6. 干燥要求	组		
030406011	备用励磁机组	1. 名称 2. 型号 3. 接线端子材质、规格 4. 干燥要求			
030406012	励磁电阻器	1. 名称 2. 型号 3. 规格 4. 接线端子材质、规格 5. 干燥要求	台		1. 本体安装 2. 检查接线 3. 干燥

5.7　滑触线装置安装工程

5.7.1　全统安装定额工程量计算规则

滑触线安装以"m/单相"为计量单位，其附加和预留长度按表5-16的规定计算。

表5-16　滑触线安装附加和预留长度　　　　　　　　　（单位：m/根）

序号	项　　　目	预留长度	说　　　明
1	圆钢、铜母线与设备连接	0.2	从设备接线端子接口起算
2	圆钢、铜滑触线终端	0.5	从最后一个固定点起算
3	角钢滑触线终端	1.0	从最后一个支持点起算
4	扁钢滑触线终端	1.3	从最后一个固定点起算
5	扁钢母线分支	0.5	分支线预留

续表

序号	项　　目	预留长度	说　　明
6	扁钢母线与设备连接	0.5	从设备接线端子接口起算
7	轻轨滑触线终端	0.8	从最后一个支持点起算
8	安全节能及其他滑触线终端	0.5	从最后一个固定点起算

5.7.2　新旧工程量计算规则对比

滑触线装置安装工程工程量清单项目及计算规则变化情况,见表 5-17。

表 5-17　滑触线装置安装工程

序号	"13 规范"项目名称、编码	"08 规范"项目名称、编码	变化情况
1	滑触线 (编码:030407001)	滑触线 (编码:030207001)	项目特征:变化 计量单位:不变 工程量计算规则:不变 工程内容:变化

5.7.3　"13 规范"清单计价工程量计算规则

滑触线装置安装(编码:030407)工程量清单项目设置及工程量计算规则,见表 5-18。

表 5-18　滑触线装置安装(编码:030407)

项目编码	项目名称	项目特征	计量单位	工程量计算规则	工作内容
030407001	滑触线	1. 名称 2. 型号 3. 规格 4. 材质 5. 支架形式、材质 6. 移动软电缆材质、规格、安装部位 7. 拉紧装置类型 8. 伸缩接头材质、规格	m	按设计图示尺寸以单相长度计算(含预留长度)	1. 滑触线安装 2. 滑触线支架制作、安装 3. 拉紧装置及挂式支持器制作、安装 4. 移动软电缆安装 5. 伸缩接头制作、安装

5.8　电缆安装工程

5.8.1　全统安装定额工程量计算规则

1)直埋电缆的挖、填土(石)方,除特殊要求外,可按表 5-19 计算土方量。

表 5-19　直埋电缆的挖、填土(石)方量

项目	电缆根数	
	1~2	每增 1 根
每米沟长挖方量(m³)	0.45	0.153

注:1. 两根以内的电缆沟,系按上口宽度 600mm、下口宽度 400mm、深度 900mm 计算的常规土方量(深度按规范的最低标准)。

　　2. 每增加一根电缆,其宽度增加 170mm。

　　3. 以上土方量系按埋深从自然地坪起算,如设计埋深超过 900mm 时,多挖的土方量应另行计算。

2)电缆沟盖板揭、盖定额,按每揭或每盖一次以延长米计算,如又揭又盖,则按两次计算。

103

3）电缆保护管长度,除按设计规定长度计算外,遇有下列情况,应按以下规定增加保护管长度:

（1）横穿道路,按路基宽度两端各增加2m。

（2）垂直敷设时,管口距地面增加2m。

（3）穿过建筑物外墙时,按基础外缘以外增加1m。

（4）穿过排水沟时,按沟壁外缘以外增加1m。

4）电缆保护管埋地敷设,其土方量凡有施工图注明的,按施工图计算;无施工图的,一般按沟深0.9m、沟宽按最外边的保护管两侧边缘外各增加0.3m工作面计算。

5）电缆敷设按单根以"延长米"计算,一个沟内(或架上)敷设三根各长100m的电缆,应按300m计算,以此类推。

6）电缆敷设长度应根据敷设路径的水平和垂直敷设长度,按表5-20规定增加附加长度。

表5-20　电缆敷设的附加长度

序号	项目	预留(附加)长度(m)	说明
1	电缆敷设弛度、波形弯度、交叉	2.5%	按电缆全长计算
2	各种箱、柜、盘、板	高＋宽	按盘面尺寸
3	单独安装的铁壳开关、闸刀开关、启动器、变阻器	0.5m	从安装对象中心起算
4	继电器、控制开关、信号灯、按钮、熔断器	0.3m	从安装对象中心起算
5	分支接头	0.2m	分支线预留
6	电缆进入建筑物	2.0m	规范规定最小值
7	电缆进入沟内或吊架时引上(下)预留	1.5m	规范规定最小值
8	变电所进线、出线	1.5m	规范规定最小值
9	电力电缆终端头	15.m	检修余量最小值
10	电缆中间接头盒	两端各留2.0m	检修余量最小值
11	高压开关柜及低压配电盘、箱	2.0m	盘下进出线
12	电缆至电动机	0.5m	从电动机接线盒起算
13	厂用变压器	3.0m	从地坪起算
14	电梯电缆与电缆架固定点	每处0.5m	规范规定最小值
15	电缆绕过梁柱等增加长度	按实计算	按被绕物的断面情况计算增加长度

7）电缆终端头及中间头均以"个"为计量单位。电力电缆和控制电缆均按一根电缆有两个终端头考虑。中间电缆头设计有图示的,按设计确定;设计没有规定的,按实际情况计算(或按平均250m一个中间头考虑)。

8）桥架安装,以"10m"为计量单位。

9）吊电缆的钢索及拉紧装置,应按相应定额另行计算。

10）钢索的计算长度以两端固定点的距离为准,不扣除拉紧装置的长度。

11）电缆敷设及桥架安装,应按定额说明的综合内容范围计算。

5.8.2　新旧工程量计算规则对比

电缆安装工程工程量清单项目及计算规则变化情况,见表5-21。

表 5-21　电缆安装工程

序号	"13 规范"项目名称、编码	"08 规范"项目名称、编码	变化情况
1	电力电缆 （编码:030408001）	电力电缆 （编码:030208001）	项目特征:**变化** 计量单位:**不变** 工程量计算规则:**不变** 工程内容:**变化**
2	控制电缆 （编码:030408002）	控制电缆 （编码:30208002）	项目特征:**变化** 计量单位:**不变** 工程量计算规则:**不变** 工程内容:**变化**
3	电缆保护管 （编码:030408003）	电缆保护管 （编码:30208003）	项目特征:**变化** 计量单位:**不变** 工程量计算规则:**不变** 工程内容:**不变**
4	电缆槽盒（编码:030408004）	无	**新增**
5	铺砂、盖保护板（砖） （编码:030408005）	无	**新增**
6	电力电缆头（编码:030408006）	无	**新增**
7	控制电缆头（编码:030408007）	无	**新增**
8	防火堵洞（编码:030408008）	无	**新增**
9	防火隔板 （编码:030408009）	无	**新增**
10	防火涂料 （编码:030408010）	无	**新增**
11	电缆分支箱 （编码:030408011）	无	**新增**

5.8.3　"13 规范"清单计价工程量计算规则

电缆安装（编码:030408）工程量清单项目设置及工程量计算规则,见表5-22。

表 5-22　电缆安装（编码:030408）

项目编码	项目名称	项目特征	计量单位	工程量计算规则	工作内容
030408001	电力电缆	1. 名称 2. 型号 3. 规格 4. 材质 5. 敷设方式、部位 6. 电压等级（kV） 7. 地形		按设计图示尺寸以长度计算（含预留长度及附加长度）	1. 电缆敷设 2. 揭（盖）盖板
030408002	控制电缆				
030408003	电缆保护管	1. 名称 2. 材质 3. 规格 4. 敷设方式	m		保护管敷设
030408004	电缆槽盒	1. 名称 2. 材质 3. 规格 4. 型号		按设计图示尺寸以长度计算	槽盒安装
030408005	铺砂、盖保护板（砖）	1. 种类 2. 规格			1. 铺砂 2. 盖板（砖）

项目编码	项目名称	项目特征	计量单位	工程量计算规则	工作内容
030408006	电力电缆头	1. 名称 2. 型号 3. 规格 4. 材质、类型 5. 安装部位 6. 电压等级(kV)	个	按设计图示数量计算	1. 电力电缆头制作 2. 电力电缆头安装 3. 接地
030408007	控制电缆头	1. 名称 2. 型号 3. 规格 4. 材质、类型 5. 安装方式			
030408008	防火墙洞	1. 名称 2. 材质 3. 方式 4. 部位	处	按设计图示数量计算	安装
030408009	防火隔板		m²	按设计图示尺寸以面积计算	
030408010	防火涂料		kg	按设计图示尺寸以质量计算	
030408011	电缆分支箱	1. 名称 2. 型号 3. 规格 4. 基础形式、材质、规格	台	按设计图示数量计算	1. 本体安装 2. 基础制作、安装

5.9 防雷及接地装置安装工程

5.9.1 全统安装定额工程量计算规则

（1）接地极制作安装以"根"为计量单位,其长度按设计长度计算。设计无规定时,每根长度按 2.5m 计算。若设计有管帽时,管帽另按加工件计算。

（2）接地母线敷设,按设计长度以"m"为计量单位计算工程量。接地母线、避雷线敷设,均按"延长米"计算,其长度按施工图设计水平和垂直规定长度另加 3.9% 的附加长度(包括转弯、上下波动、避绕障碍物、搭接头所占长度)计算。计算主材费时应另增加规定的损耗率。

（3）接地跨接线以"处"为计量单。按规程规定,凡需接地跨接线的工程内容,每跨接一次按一处计算。户外配电装置构架均需接地,每副构架按"一处"计算。

（4）避雷针的加工制作、安装,以"根"为计量单位,独立避雷针安装以"基"为计量单应。长度、高度、数量均按设计规定。独立避雷针的加工制作应执行"一般铁件"制作定额或按成品计算。

（5）半导体少长针消雷装置安装以"套"为计量单位,按设计安装高度分别执行相应定额。装置本身由设备制造厂成套供货。

（6）利用建筑物内主筋作接地引下线安装,以"10m"为计量单位,每一柱子内按焊接两根主筋考虑。如果焊接主筋数超过两根时,可按比例调整。

（7）断接卡子制作安装以"套"为计量单位,按设计规定装设的断接卡子数量计算。接地检查井内的断接卡子安装按每井一套计算。

（8）高层建筑物屋顶的防雷接地装置应执行"避雷网安装"定额,电缆支架的接地线安装应执行"户内接地母线敷设"定额。

（9）均压环敷设以"m"为单位计算,主要考虑利用圈梁内主筋作均压环接地连线,焊接按两根主筋考虑。超过两根时,可按比例调整。长度按设计需要作均压接地的圈梁中心线长度,以"延长米"计算。

（10）钢、铝窗接地以"处"为计量单位(高层建筑六层以上的金属窗设计一般要求接地),按设计规定接地的金属窗数进行计算。

（11）柱子主筋与圈梁连接以"处"为计量单位,每处按两根主筋与两根圈梁钢筋分别焊接连接考虑。如果焊接主筋和圈梁钢筋超过两根时,可按比例调整;需要连接的柱子主筋和圈梁钢筋处数按规定设计计算。

5.9.2 新旧工程量计算规则对比

防雷及接地装置工程工程量清单项目及计算规则变化情况,见表5-23。

表5-23 防雷及接地装置工程

序号	"13规范"项目名称、编码	"08规范"项目名称、编码	变化情况
1	接地极（编码:030409001）	接地装置（编码:030209001）	项目特征:**变化** 计量单位:**变化** 工程量计算规则:**变化** 工程内容:**变化**
2	接地母线（编码:030409002）		
3	避雷引下线（编码:030409003）		
4	均压环（编码:030409004）		
5	避雷网（编码:030409005）	避雷装置（编码:030209002）	项目特征:**变化** 计量单位:**变化** 工程量计算规则:**变化** 工程内容:**变化**
6	避雷针（编码:030409006）		
7	半导体少长针消雷装置（编码:030409007）	半导体少长针消雷装置（编码:030209003）	项目特征:**不变** 计量单位:**不变** 工程量计算规则:**不变** 工程内容:**变化**
8	等电位端子箱、测试板（编码:030409008）	无	**新增**
9	绝缘垫（编码:030409009）	无	**新增**
10	浪涌保护器（编码:030409010）	无	**新增**
11	降阻剂（编码:030409011）	无	**新增**

5.9.3 "13规范"清单计价工程量计算规则

防雷及接地装置（编码:030409）工程量清单项目设置及工程量计算规则,见表5-24。

表5-24 防雷及接地装置（编码:030409）

项目编码	项目名称	项目特征	计量单位	工程量计算规则	工作内容
030409001	接地极	1. 名称 2. 材质 3. 规格 4. 土质 5. 基础接地形式	根（块）	按设计图示数量计算	1. 接地极（板、桩）制作、安装 2. 基础接地网安装 3. 补刷（喷）油漆

项目编码	项目名称	项目特征	计量单位	工程量计算规则	工作内容
030409002	接地母线	1. 名称 2. 材质 3. 规格 4. 安装部位 5. 安装形式			1. 接地母线制作、安装 2. 补刷(喷)油漆
030409003	避雷引下线	1. 名称 2. 材质 3. 规格 4. 安装部位 5. 安装形式 6. 断接卡子、箱材质、规格	m	按设计图示尺寸以长度计算(含附加长度)	1. 避雷引下线制作、安装 2. 断接卡子、箱制作、安装 3. 利用主钢筋焊接 4. 补刷(喷)油漆
030409004	均压环	1. 名称 2. 材质 3. 规格 4. 安装形式			1. 均压环敷设 2. 钢铝窗接地 3. 柱主筋与圈梁焊接 4. 利用圈梁钢筋焊接 5. 补刷(喷)油漆
030409005	避雷网	1. 名称 2. 材质 3. 规格 4. 安装形式 5. 混凝土块标号			1. 避雷网制作、安装 2. 跨接 3. 混凝土块制作 4. 补刷(喷)油漆
030409006	避雷针	1. 名称 2. 材质 3. 规格 4. 安装形式、高度	根	按设计图示数量计算	1. 避雷针制作、安装 2. 跨接 3. 补刷(喷)油漆
030409007	半导体少长针消雷装置	1. 型号 2. 高度	套		本体安装
030409008	等电位端子箱、测试板	1. 名称 2. 材质 3. 规格	台(块)		
030409009	绝缘垫		m²	按设计图示尺寸以展开面积计算	1. 制作 2. 安装
030409010	浪涌保护器	1. 名称 2. 规格 3. 安装形式 4. 防雷等级	个	按设计图示数量计算	1. 本体安装 2. 接线 3. 接地
030409011	降阻剂	1. 名称 2. 类型	kg	按设计图示以质量计算	1. 挖土 2. 施放降阻剂 3. 回填土 4. 运输

5.10　10kV 以下架空配电线路安装工程

5.10.1　全统安装定额工程量计算规则

（1）工地运输是指定额内未计价材料从集中材料堆放点或工地仓库运至杆位上的工程运输,分人力运输和汽车运输,以"t·km"为计量单位。

运输量计算公式如下：

工程运输量 = 施工图用量 × (1 + 损耗率)

预算运输质量 = 工程运输量 + 包装物质量(不需要包装的可不计算包装物质量)

(2)无底盘、卡盘的电杆坑，其挖方体积为：

$$V = 0.8 \times 0.8 \times h$$

式中　h——坑深，m。

(3)电杆坑的马道土、石方量按每坑 0.2m³ 计算。

(4)施工操作裕度按底拉盘底宽每边增加 0.1m。

(5)各类土质的放坡系数按表 5-25 计算。

表 5-25　各类土质的放坡系数

土　　质	普通土、水坑	坚　　土	松砂石	泥水、流砂、岩石
放坡系数	1:0.3	1:0.25	1:0.2	不放坡

(6)冻土厚度大于 300mm 时，冻土层的挖方量按挖坚土定额乘以系数 2.5。其他土层仍按土质性质执行定额。

(7)土方量计算公式：

$$V = \frac{h}{6 \times [ab \times (a + a_1)(b + b_1) + a_1 b_1]}$$

式中　V——土(石)方体积，m³；

　　　h——坑深，m；

$a(b)$——坑底宽，m，$a(b)$ = 底拉盘底宽 + 2 × 每边操作裕度；

$a_1(b_1)$——坑口宽，m，$a_1(b_1)$ = $a(b)$ + 2h × 边坡系数

(8)杆坑土质按一个坑的主要土质而定。如一个坑大部分为普通土，少量为坚土，则该坑应全部按普通土计算。

(9)带卡盘的电杆坑，如原计算的尺寸不能满足卡盘安装时，因卡盘超长而增加的土(石)方量另计。

(10)底盘、卡盘、拉线盘按设计用量以"块"为计量单位。

(11)杆塔组立，分别杆塔形式和高度，按设计数量以"根"为计量单位。

(12)拉线制作安装按施工图设计规定，分别不同形式，以"组"为计量单位。

(13)横担安装按施工图设计规定，分不同形式和截面，以"根"为计量单位，定额按单根拉线考虑。若安装 V 形、Y 形或双拼形拉线时，按 2 根计算。拉线长度按设计全根长度计算，设计无规定时可按表 5-26 计算。

表 5-26　拉线长度　　　　　　　　　　(单位：m/根)

项　　　目		普通拉线	V(Y)形拉线	弓形拉线
杆高(m)	8	11.47	22.94	9.33
	9	12.61	25.22	10.10
	10	13.74	27.48	10.92
	11	15.10	30.20	11.82
	12	16.14	32.28	12.62
	13	18.69	37.38	13.42
	14	19.68	39.36	15.12
水平拉线		26.47	—	—

（14）导线架设,分别导线类型和不同截面以"km/单线"为计量单位计算。导线预留长度按表5-27计算。导线长度按线路总长度和预留长度之和计算。计算主材费时应另增加规定的损耗率。

表5-27 导线预留长度 （m/根）

项	目	预 留 长 度
高压	转角	2.5
	分支、终端	2.0
低压	分支、终端	0.5
	交叉跳线转角	1.5
	与设备连线	0.5
	进户线	2.5

（15）导线跨越架设,包括越线架的搭拆和运输,以及因跨越（障碍）施工难度增加而增加的工作量,以"处"为计量单位。每个跨越间距按50m以内考虑,大于50m而小于100m时按2处计算,以此类推。在计算架线工程量时,不扣除跨越档的长度。

（16）杆上变配电设备安装以"台"或"组"为计量单位,定额内包括杆和钢支架及设备的安装工作。但钢支架主材、连引线、线夹、金具等应按设计规定另行计算,设备的接地安装和调试应按电气设备安装工程相应定额另行计算。

5.10.2 新旧工程量计算规则对比

10kV以下架空配电线路工程工程量清单项目及计算规则变化情况,见表5-28。

表5-28 10kV以下架空配电线路工程

序号	"13规范"项目名称、编码	"08规范"项目名称、编码	变化情况
1	电杆组立 （编码:030410001）	电杆组立 （编码:030210001）	项目特征:**变化** 计量单位:**变化** 工程量计算规则:**不变** 工程内容:**变化**
2	横担组装 （编码:030410002）	无	**新增**
3	导线架设 （编码:030410003）	导线架设 （编码:030210002）	项目特征:**变化** 计量单位:**不变** 工程量计算规则:**不变** 工程内容:**变化**
4	杆上设备 （编码:030410004）	无	**新增**

5.10.3 "13规范"清单计价工程量计算规则

10kV以下架空配电线路（编码:030410）工程量清单项目设置及工程量计算规则,见表5-29。

表 5-29　10kV 以下架空配电线路(编码:030410)

项目编码	项目名称	项目特征	计量单位	工程量计算规则	工作内容
030410001	电杆组立	1. 名称 2. 材质 3. 规格 4. 类型 5. 地形 6. 土质 7. 底盘、拉盘、卡盘规格 8. 拉线材质、规格、类型 9. 现浇基础类型、钢筋类型、规格,基础垫层要求 10. 电杆防腐要求	根(基)	按设计图示数量计算	1. 施工定位 2. 电杆组立 3. 土(石)方挖填 4. 底盘、拉盘、卡盘安装 5. 电杆防腐 6. 拉线制作、安装 7. 现浇基础、基础垫层 8. 工地运输
03041002	横担组装	1. 名称 2. 材质 3. 规格 4. 类型 5. 电压等级(kV) 6. 瓷瓶、型号、规格 7. 金具品种规格	组	按设计图示数量计算	1. 横担安装 2. 瓷瓶、金具组装
030410003	导线架设	1. 名称 2. 型号 3. 规格 4. 地形 5. 跨越类型	km	按设计图示尺寸以单线长度计算(含预留长度)	1. 导线架设 2. 导线跨越及进户线架设 3. 工地运输
030410004	杆上设备	1. 名称 2. 型号 3. 规格 4. 电压等级(kV) 5. 支撑架种类、规格 6. 接线端子材质、规格 7. 接地要求	台(组)	按设计图示数量计算	1. 支撑架安装 2. 本体安装 3. 焊压接线端子、接线 4. 补刷(喷)油漆 5. 接地

5.11　电气调整试验工程

5.11.1　全统安装定额工程量计算规则

1)电气调试系统的划分以电气原理系统图为依据。电气设备元件的本体试验均包括在相应定额的系统调试之内,不得重复计算绝缘子和电缆等单体试验,只在单独试验时使用。在系统调试定额中,各工序的调试费用如需单独计算时,可按表5-30所列比率计算。

表 5-30　电气调试系统各工序的调试费用比率

比率(%) 目项 工序	发电机调相机系统	变压器系统	送配电设备系统	电动机系统
一次设备本体试验	30	30	40	30

续表

比率（%）目项 工序	发电机调相机系统	变压器系统	送配电设备系统	电动机系统
附属高压二次设备试验	20	30	20	30
一次电流及二次回路检查	20	20	20	20
继电器及仪表试验	30	20	20	20

2）电气调试所需的电力消耗已包括在定额内，一般不另计算。但10kW以上电机及发电机的启动调试用的蒸汽、电力和其他动力能源消耗及变压器空载试运转的电力消耗，另行计算。

3）供电桥回路的断路器、母线分段断路器，均按独立的送配电设备系统计算调试费。

4）送配电设备系统调试，系按一侧有一台断路器考虑的，若两侧均有断路器时，则应按两个系统计算。

5）送配电设备系统调试，适用于各种供电回路（包括照明供电回路）的系统词试。凡供电回路中带有仪表、继电器、电磁开关等调试元件的（不包括闸刀开关、保险器），均按调试系统计算。移动式电器和以插座连接的家电设备，业经厂家调试合格、不需要用户自调的设备，均不直计算调试费用。

6）变压器系统调试，以每个电压侧有一台断路器为准。多于一个断路器的，按相应电压等级送配电设备系统调试的相应定额另行计算。

7）干式变压器、油浸电抗器调试，执行相应容量变压器调试定额，乘以系数0.8。

8）特殊保护装置，均以构成一个保护回路为一套，其工程量计算规定如下（特殊保护装置未包括在各系统调试定额之内，应另行计算）：

（1）发电机转子接地保护，按全厂发电机共用一套考虑。

（2）距离保护，按设计规定所保护的送电线路断路器台数计算。

（3）高频保护，按设计规定所保护的送电线路断路器台数计算。

（4）零序保护，按发电机、变压器、电动机的台数或送电线路断路器的台数计算。

（5）故障录波器的调试，以一块屏为一套系统计算。

（6）失灵保护，按设置该保护的断路器台数计算。

（7）失磁保护，按所保护的电机台数计算。

（8）变流器的断线保护，按变流器台数计算。

（9）小电流接地保护，按装设该保护的供电回路断路器台数计算。

（10）保护检查及打印机调试，按构成该系统的完整回路为一套计算。

9）自动装置及信号系统调试，均包括继电器、仪表等元件本身和二次回路的调整试验。具体规定如下：

（1）备用电源自动投入装置，按连锁机构的个数确定备用电源自投装置系统数。一个备用厂用变压器，作为三段厂用工作母线备用的厂用电源，计算备用电源自动投入装置调试时，应为三个系统。装设自动投入装置的两条互为备用的线路或两台变压器，计算备用电源自动投入装置调试时，应为两个系统。备用电动机自动投入装置亦按此计算。

（2）线路自动重合闸调试系统，按采用自动重合闸装置的线路自动断路器的台数计算系统数。

（3）自动调频装置的调试，以一台发电机为一个系统。

（4）同期装置调试，按设计构成一套能完成同期并车行为的装置为一个系统计算。

（5）蓄电池及直流监视系统调试，一组蓄电池按一个系统计算。

（6）事故照明切换装置调试，按设计能完成交直流切换的一套装置为一个调试系统计算。

（7）周波减负荷装置调试，凡有一个周率继电器，不论带几个回路，均按一个调试系统计算。

（8）变送器屏以屏的个数计算。

（9）中央信号装置调试，按每一个变电所或配电室为一个调试系统计算工程量。

10）接地网的调试规定如下：

（1）接地网接地电阻的测定。一般的发电厂或变电站连为一体的母网，按一个系统计算；自成母网不与厂区母网相连的独立接地网，另按一个系统计算。大型建筑群各有自己的接地网（接地电阻值设计有要求），虽然在最后也将各接地网联在一起，但应按各自的接地网计算，不能作为一个网，具体直按接地网的试验情况而定。

（2）避雷针接地电阻的测定。每一避雷针均有单独接地网（包括独立的避雷针、烟囱避雷针等）时，均按一组计算。

（3）独立的接地装置按组计算。如一台柱上变压器有一个独立的接地装置，即按一组计算。

11）避雷器、电容器的调试，按每三相为一组计算，单个装设的亦按一组计算。上述设备如设置在发电机、变压器、输、配电线路的系统或回路内，仍应按相应定额另外计算调试费用。

12）高压电气除尘系统调试，按一台升压变压器、一台机械整流器及附属设备为一个系统计算，分别按除尘器范围执行定额。

13）硅整流装置调试，按一套硅整流装置为一个系统计算。

14）普通电动机的调试，分别按电机的控制方式、功率、电压等级，以"台"为计量单位。

15）可控硅调速直流电动机调试以"系统"为计量单位。其调试内容包括可控硅整流装置系统和直流电动机控制回路系统两个部分的调试。

16）交流变频调速电动机调试以"系统"为计量单位。其调试内容包括变频装置系统和交流电动机控制回路系统两个部分的调试。

17）微型电讥系指功率在 0.75kW 以下的电机，不分类别，一律执行微电机综合调试定额，以"台"为计量单位。电机功率在 0.75kW 以上的电机调试，应按电机类别和功率分别执行相应的调试定额。

18）一般的住宅、学校、办公楼、旅馆、商店等民用电气工程的供电调试应按下列规定：

（1）配电室内带有调试元件的盘、箱、柜和带有调试元件的照明主配电箱，应按供电方式执行相应的"配电设备系统调试"定额。

（2）每个用户房间的配电箱（板）上虽装有电磁开关等调试元件，但如果生产厂家已按固定的常规参数调整好，不需要安装单位进行调试就可直接投入使用的，不得计取调试费用。

（3）民用电度表的调整校验属于供电部门的专业管理，一般皆由用户向供电局订购调试完毕的电度表，不得另外计算调试费用。

19）高标准的高层建筑、高级宾馆、大会堂、体育馆等具有较高控制技术的电气工程（包括照明工程），应按控制方式执行相应的电气调试定额。

5.11.2 新旧工程量计算规则对比

电气调整试验工程工程量清单项目及计算规则变化情况,见表5-31。

表5-31 电气调整试验工程

序号	"13规范"项目名称、编码	"08规范"项目名称、编码	变化情况
1	电力变压器系统 (编码:030414001)	电力变压器系统 (编码:030211001)	项目特征:变化 计量单位:不变 工程量计算规则:不变 工程内容:不变
2	送配电装置系统 (编码:030414002)	送配电装置系统 (编码:030211002)	项目特征:变化 计量单位:不变 工程量计算规则:不变 工程内容:不变
3	特殊保护装置 (编码:030414003)	特殊保护装置 (编码:030211003)	项目特征:变化 计量单位:变化 工程量计算规则:不变 工程内容:不变
4	自动投入装置 (编码:030414004)	自动投入装置 (编码:030211004)	项目特征:变化 计量单位:变化 工程量计算规则:不变 工程内容:不变
5	中央信号装置 (编码:030414005)	中央信号装置、事故照明切换装置、不间断电源 (编码:030211005)	项目特征:变化 计量单位:变化 工程量计算规则:不变 工程内容:不变
6	事故照明切换装置 (编码:030414006)		
7	不间断电源 (编码:030414007)		
8	母线 (编码:030414008)	母线 (编码:030211006)	项目特征:变化 计量单位:不变 工程量计算规则:不变 工程内容:不变
9	避雷器 (编码:030414009)	避雷器、电容器 (编码:030211007)	项目特征:变化 计量单位:不变 工程量计算规则:不变 工程内容:不变
10	电容器 (编码:030414010)		
11	接地装置 (编码:030414011)	接地装置 (编码:030211008)	项目特征:变化 计量单位:变化 工程量计算规则:不变 工程内容:不变
12	电抗器、消弧线圈 (编码:030414012)	电抗器、消弧线圈、电除尘器 (编码:030211009)	项目特征:变化 计量单位:变化 工程量计算规则:不变 工程内容:不变
13	电除尘器 (编码:030414013)		
14	硅整流设备、可控硅整流装置 (编码:030414014)	硅整流设备、可控硅整流装置 (编码:030211010)	项目特征:变化 计量单位:变化 工程量计算规则:不变 工程内容:不变
15	电缆试验 (编码:030414015)	无	**新增**

5.11.3　"13 规范"清单计价工程量计算规则

电气调整试验(编码:030414)工程量清单项目设置及工程量计算规则,见表 5-32。

表 5-32　电气调整试验(编码:030414)

项目编码	项目名称	项目特征	计量单位	工程量计算规则	工作内容
040414001	电力变压器系统	1. 名称 2. 型号 3. 容量(kV·A)	系统	按设计图示系统计算	系统调试
030414002	送配电装置系统	1. 名称 2. 型号 3. 电压等级(kV) 4. 类型	系统	按设计图示系统计算	系统调试
030414003	特殊保护置	1. 名称 2. 类型	台(套)	按设计图示数量计算	调试
030414004	自动投入装置		系统 (台、套)		
030414005	中央信号装置	1. 名称 2. 类型	系统(台)		
030414006	事故照明切换装置		系统	按设计图示系统计算	
030414007	不间断电源	1. 名称 2. 类型 3. 容量	系统	按设计图示系统计算	
030414008	母线	1. 名称 2. 电压等级(KV)	段	按设计图示数量计算	
030414009	避雷器		组		
030414010	电容器				
030414011	接地装置	1. 名称 2. 类别	1. 系统 2. 组	1. 以系统计量,按设计图示系统计算 2. 以组计量,按设计图示数量计算	接地电阻测试
030414012	电抗器、消弧线圈		台	按设计图示数量计算	调试
030414013	电除尘器	1. 名称 2. 型号 3. 规格	组		
030414014	硅整流设备、可控硅整流装置	1. 名称 2. 类别 3. 电压(V) 4. 电流(A)	系统	按设计图示系统计算	
030414015	电缆试验	1. 名称 2. 电压等级(kV)	次 (根、点)	按设计图示数量计算	试验

5.12　配管、配线安装工程

5.12.1　全统安装定额工程量计算规则

(1)各种配管应区别不同敷设方式、敷设位置、管材材质、规格,以"延长米"为计量单位,不扣除管路中间的接线箱(盒)、灯头盒、开关盒所占长度。

(2)定额中未包括钢索架设及拉紧装置、接线箱(盒)、支架的制作安装,其工程量应另行计算。

(3)管内穿线的工程量,应区别线路性质、导线材质、导线截面,以单线"延长米"为计量单位计算。线路分支接头线的长度已综合考虑在定额中,不得另行计算。

照明线路中的导线截面大于或等于 $6mm^2$ 以上时,应执行动力线路穿线相关项目。

(4)线夹配线工程量,应区别线夹材质(塑料、瓷质)、线式(两线、三线)、敷设位置(在木、砖、混凝土)以及导线规格,以线路"延长米"为计量单位计算。

(5)绝缘子配线工程量,应区别绝缘子形式(针式、鼓形、蝶式)、绝缘子配线位置(沿屋架、梁、柱、墙,跨屋架、梁、柱、木结构、顶棚内、砖、混凝土结构,沿钢支架及钢索)、导线截面积,以线路"延长米"为计量单位计算。

绝缘子暗配,引下线按线路支持点至顶棚下缘距离的长度计算。

(6)槽板配线工程量,应区别槽板材质(木质、塑料)、配线位置(在木结构、砖、混凝土)、导线截面、线式(二线、三线),以线路"延长米"为计量单位计算。

(7)塑料护套线明敷工程量,应区别导线截面、导线芯数(二芯、三芯)、敷设位置(在木结构、砖混凝土结构,沿钢索),以单根线路"延长米"为计量单位计算。

(8)线槽配线工程量,应区别导线截面,以单根线路"延长米"为计量单位计算。

(9)钢索架设工程量,应区别圆钢、钢索直径($\phi6,\phi9$),按图示墙(柱)内缘距离,以"延长米"为计量单位计算,不扣除拉紧装置所占长度。

(10)母线拉紧装置及钢索拉紧装置制作安装工程量,应区别母线截面、花篮螺栓直径(12mm,16mm,18mm),以"套"为计量单位计算。

(11)车间带形母线安装工程量,应区别母线材质(铝、铜)、母线截面、安装位置(沿屋架、梁、柱、墙,跨屋架、梁、柱),以"延长米"为计量单位计算。

(12)动力配管混凝土地面刨沟工程量,应区别管子直径,以"延长米"为计量单位计算。

(13)接线箱安装工程量,应区别安装形式(明装、暗装)、接线箱半周长,以"个"为计量单位计算。

(14)接线盒安装工程量,应区别安装形式(明装、暗装、钢索上)以及接线盒类型,以"个"为计量单位计算。

(15)灯具,明、暗开关,插座、按钮等的预留线,已分别综合在相应定额内,不另行计算。配线进入开关箱、柜、板的预留线,按表5-33规定的长度,分别计入相应的工程量。

表5-33 连接设备导线预留长度(每一根线)

序号	项　目	预留长度	说　明
1	各种开关箱、柜、板	高 + 宽	盘面尺寸
2	单独安装(无箱、盘)的铁壳开关、闸刀开关、起动器、母线槽进出线盒等	0.3m	以安装对象中心算
3	由地坪管子出口引至动力接线箱	1m	以管口计算
4	电源与管内导线连接(管内穿线与软、硬母线接头)	1.5m	以管口计算
5	出户线	1.5m	以管口计算

5.12.2 新旧工程量计算规则对比

配管、配线工程工程量清单项目及计算规则变化情况,见表 5-34。

表 5-34 配管、配线工程

序号	"13 规范"项目名称、编码	"08 规范"项目名称、编码	变化情况
1	配管 (编码:030411001)	电气配管 (编码:030212001)	项目特征:**变化** 计量单位:**不变** 工程量计算规则:**变化** 工程内容:**变化**
2	线槽 (编码:030411002)	线槽 (编码:030212002)	项目特征:**变化** 计量单位:**不变** 工程量计算规则:**变化** 工程内容:**变化**
3	桥架(编码:030411003)	无	**新增**
4	配线 (编码:030411004)	电气配线 (编码:030212003)	项目特征:**变化** 计量单位:**不变** 工程量计算规则:**变化** 工程内容:**变化**
5	接线箱(编码:030411005)	无	**新增**
6	接线盒(编码:030411006)	无	**新增**

5.12.3 "13 规范"清单计价工程量计算规则

配管、配线(编码:030411)工程量清单项目设置及工程量计算规则,见表 5-35。

表 5-35 配管、配线(编码:030411)

项目编码	项目名称	项目特征	计量单位	工程量计算规则	工作内容
030411001	配管	1. 名称 2. 材质 3. 规格 4. 配置形式 5. 接地要求 6. 钢索材质、规格			1. 电缆管路敷设 2. 钢索架设(拉紧装置安装) 3. 预留沟槽 4. 接地
030411002	线槽	1. 名称 2. 材质 3. 规格		按设计图示尺寸以长度计算	1. 本体安装 2. 补刷(喷)油漆
030411003	桥架	1. 名称 2. 型号 3. 规格 4. 材质 5. 类型 6. 接地方式	m		1. 本体安装 2. 接地
030411004	配线	1. 名称 2. 配线形式 3. 型号 4. 规格 5. 材质 6. 配线部位 7. 配线线制 8. 钢索材质、规格		按设计图示尺寸以单线长度计算(含预留长度)	1. 配线 2. 钢索架设(拉紧装置安装) 3. 支持体(夹板、绝缘子、槽板等)安装

项目编码	项目名称	项目特征	计量单位	工程量计算规则	工作内容
030411005	接线箱	1. 名称 2. 材质 3. 规格 4. 安装形式	个	按设计图示数量计算	本体安装
030411006	接线盒				

5.13 照明器具安装工程

5.13.1 全统安装定额工程量计算规则

1)普通灯具安装的工程量,应区别灯具的种类、型号、规格,以"套"为计量单位计算。普通灯具安装定额适用范围见表5-36。

表5-36 普通灯具安装定额适用范围

定额名称	灯具种类
圆球吸顶灯	材质为玻璃的螺口、卡口圆球独立吸顶灯
半圆球吸顶灯	材质为玻璃的独立的半圆球吸顶灯、扁圆罩吸顶灯、平圆形吸顶灯
方形吸顶灯	材质为玻璃的独立的半矩形吸顶灯、方形罩吸顶灯、大口方顶灯
软线吊灯	利用软线为垂吊材料,独立的,材质为玻璃、塑料、搪瓷,形状如碗、伞、平盘灯罩组成的各式软线吊灯
吊链灯	利用吊链作辅助悬吊材料,独立的、材质为玻璃、塑料罩的各式吊链灯
防水吊灯	一般防水吊灯
一般弯脖灯	圆球弯脖灯,风雨壁灯
一般墙壁灯	各种材质的一般壁灯、镜前灯
软线吊灯头	一般吊灯头
声光控座灯头	一般声控、光控座灯头
座灯头	一般塑胶、瓷质座灯头

2)吊式艺术装饰灯具的工程量,应根据装饰灯具示意图集所示,区别不同装饰物以及灯体直径和灯体垂吊长度,以"套"为计量单位计算。灯体直径为装饰物的最大外缘直径,灯体垂吊长度为灯座底部到灯梢之间的总长度。

3)吸顶式艺术装饰灯具安装的工程量,应根据装饰灯具示意图集所示,区别不同装饰物、吸盘的几何形状、灯体直径、灯体周长和灯体垂吊长度,以"套"为计量单位计算。灯体直径为吸盘最大外缘直径,灯体半周长为矩形吸盘的半周长。吸顶式艺术装饰灯具的灯体垂吊长度为吸盘到灯梢之间的总长度。

4)荧光艺术装饰灯具安装的工程量,应根据装饰灯具示意图集所示,区别不同安装形式和计量单位计算。

(1)组合荧光灯光带安装的工程量,应根据装饰灯具示意图集所示,区别安装形式、灯管数量,以"延长米"为计量单位计算。灯具的设计数量与定额不符时,可以按设计量加损耗量调整主材。

（2）内藏组合式灯安装的工程量,应根据装饰灯具示意图集所示,区别灯具组合形式,以"延长米"为计量单位。灯具的设计数量与定额不符时,可根据设计数量加损耗量调整主材。

（3）发光棚安装的工程量,应根据装饰灯具示意图集所示,以"m^2"为计量单位。发光棚灯具按设计用量加损耗量计算。

（4）立体广告灯箱、荧光灯光沿的工程量,应根据装饰灯具示意图集所示,以"延长米"为计量单位。灯具设计用量与定额不符时,可根据设计数量加损耗量调整主材。

5）几何形状组合艺术灯具安装的工程量,应根据装饰灯具示意图集所示,区别不同安装形式及灯具的不同形式,以"套"为计量单位计算。

6）标志、诱导装饰灯具安装的工程量,应根据装饰灯具示意图集所示,区别不同安装形式,以"套"为计量单位计算。

7）水下艺术装饰灯具安装的工程量,应根据装饰灯具示意图集所示,区别不同安装形式,以"套"为计量单位计算。

8）点光源艺术装饰灯具安装的工程量,应根据装饰灯具示意图集所示,区别不同安装形式、不同灯具直径,以"套"为计量单位计算。

9）草坪灯具安装的工程量,应根据装饰灯具示意图集所示,区别不同安装形式,以"套"为计量单位计算。

10）歌舞厅灯具安装的工程量,应根据装饰灯具示意图所示,区别不同灯具形式,分别以"套"、"延长米"、"台"为计量单位计算。

11）荧光灯具安装的工程量,应区别灯具的安装形式、灯具种类、灯管数量,以"套"为计量单位计算。

12）工厂灯及防水防尘灯安装的工程量,应区别不同安装形式,以"套"为计量单位计算。

13）工厂其他灯具安装的工程量,应区别不同灯具类型、安装形式、安装高度,以"套"、"个"、"延长米"为计量单位计算。

14）医院灯具安装的工程量,应区别灯具种类,以"套"为计量单位计算。

15）路灯安装工程,应区别不同臂长、不同灯数,以"套"为计量单位计算。工厂厂区内、住宅小区内城市道路的路灯安装执行《全国统一安装工程预算定额》。

16）开关、按钮安装的工程量,应区别开关、按钮安装形式,开关、按钮种类,开关极数以及单控与双控,以"套"为计量单位计算。

17）插座安装的工程量,应区别电源相数、额定电流、插座安装形式、插座插孔个数,以"套"为计量单位计算。

18）安全变压器安装的工程量,应区别安全变压器容量,以"台"为计量单位计算。

19）电铃、电铃号码牌箱安装的工程量,应区别电铃直径、电铃号牌箱规格（号）,以"套"为计量单位计算。

20）门铃安装工程量计算,应区别门铃安装形式,以"个"为计量单位计算。

21）风扇安装的工程量,应区别风扇种类,以"台"为计量单位计算。

22）盘管风机三速开关、请勿打扰灯,须刨插座安装的工程量,以"套"为计量单位计算。

5.13.2　新旧工程量计算规则对比

照明灯具安装工程工程量清单项目及计算规则变化情况,见表5-37。

表 5-37　照明灯具安装工程

序号	"13规范"项目名称、编码	"08规范"项目名称、编码	变化情况
1	普通灯具 （编码:030412001）	普通吸顶灯及其他灯具 （编码:030213001）	项目特征:变化 计量单位:不变 工程量计算规则:不变 工程内容:变化
2	工厂灯 （编码:030412002）	工厂灯 （编码:030213002）	项目特征:变化 计量单位:不变 工程量计算规则:不变 工程内容:变化
3	高度标志(障碍)灯 （编码:030412003）	无	**新增**
4	装饰灯 （编码:030412004）	装饰灯 （编码:030213003）	项目特征:变化 计量单位:不变 工程量计算规则:不变 工程内容:变化
5	荧光灯 （编码:030412005）	荧光灯 （编码:030213004）	项目特征:不变 计量单位:不变 工程量计算规则:不变 工程内容:变化
6	医疗专用灯 （编码:030412006）	医疗专用灯 （编码:030213005）	项目特征:不变 计量单位:不变 工程量计算规则:不变 工程内容:变化
7	一般路灯 （编码:030412007）	一般路灯 （编码:030213006）	项目特征:变化 计量单位:不变 工程量计算规则:不变 工程内容:变化
8	中杆灯 （编码:030412008）	广场灯安装 （编码:030213007）	项目特征:变化 计量单位:不变 工程量计算规则:不变 工程内容:变化
9	高杆灯 （编码:030412009）	高杆灯安装 （编码:030213008）	项目特征:变化 计量单位:不变 工程量计算规则:不变 工程内容:变化
10	桥栏杆灯 （编码:030412010）	桥栏杆灯 （编码:030213009）	项目特征:不变 计量单位:不变 工程量计算规则:不变 工程内容:变化
11	地道涵洞灯 （编码:030412011）	地道涵洞灯 （编码:030213010）	项目特征:不变 计量单位:不变 工程量计算规则:不变 工程内容:变化

5.13.3　"13规范"清单计价工程量计算规则

照明灯具安装(编码:030412)工程量清单项目设置及工程量计算规则,见表5-38。

表 5-38　照明灯具安装（编码：030412）

项目编码	项目名称	项目特征	计量单位	工程量计算规则	工作内容
030412001	普通灯具	1. 名称 2. 型号 3. 规格 4. 类型			
030412002	工厂灯	1. 名称 2. 型号 3. 规格 4. 安装形式			
030412003	高度标志（障碍）灯	1. 名称 2. 型号 3. 规格 4. 安装部位 5. 安装高度			本体安装
030412004	装饰灯	1. 名称 2. 型号			
030412005	荧光灯	3. 规格 4. 安装形式			
030412006	医疗专用灯	1. 名称 2. 型号 3. 规格	套	按设计图示数量计算	
030412007	一般路灯	1. 名称 2. 型号 3. 规格 4. 灯杆材质、规格 5. 灯架形式及臂长 6. 附件配置要求 7. 灯杆形式（单、双） 8. 基础形式、砂浆配合比 9. 杆座材质、规格 10. 接线端子材质、规格 11. 编号 12. 接地要求			1. 基础制作、安装 2. 立灯杆 3. 杆座安装 4. 灯架及灯具附件安装 5. 焊、压接线端子 6. 补刷（喷）油漆 7. 灯杆编号 8. 接地
030412008	中杆灯	1. 名称 2. 灯杆的材质及高度 3. 灯架的型号、规格 4. 附件配置 5. 光源数量 6. 基础形式、浇筑材质 7. 杆座材质、规格 8. 接线端子材质、规格 9. 铁钩件规格 10. 编号 11. 灌浆配合比 12. 接地要求			1. 基础浇筑 2. 立灯杆 3. 杆座安装 4. 灯架及灯具附件安装 5. 焊、压接线端子 6. 铁构件安装 7. 补刷（喷）油漆 8. 灯杆编号 9. 接地
030412009	高杆灯	1. 名称 2. 灯杆高度 3. 灯架形式（成套或组装、固定或升降） 4. 附件配置 5. 光源数量 6. 基础形式、浇筑材质 7. 杆座材质、规格 8. 接线端子材质、规格 9. 铁钩件规格 10. 编号 11. 灌浆配合比 12. 接地要求			1. 基础浇筑 2. 立灯杆 3. 杆座安装 4. 灯架及灯具附件安装 5. 焊、压接线端子 6. 铁构件安装 7. 补刷（喷）油漆 8. 灯杆编号 9. 升降机构接线调试 10. 接地

项目编码	项目名称	项目特征	计量单位	工程量计算规则	工作内容
030412010	桥栏杆灯	1. 名称 2. 型号 3. 规格 4. 安装形式	套	按设计图示数量计算	1. 灯具安装 2. 补刷(喷)油漆
030412011	地道涵洞灯				

5.14 附属工程

5.14.1 新旧工程量计算规则对比

附属工程工程量清单项目及计算规则变化情况,见表5-39。

表5-39 附属工程

序号	"13规范"项目名称、编码	"08规范"项目名称、编码	变化情况
1	铁构件(编码:030413001)	无	新增
2	凿(压)槽(编码:030413002)	无	新增
3	打洞(孔)(编码:030413003)	无	新增
4	管道包封(编码:030413004)	无	新增
5	人(手)孔砌筑(编码:030413005)	无	新增
6	人(手)孔防水(编码:030413006)	无	新增

5.14.2 "13规范"清单计价工程量计算规则

附属工程(编码:030413)工程量清单项目设置及工程量计算规则,见表5-40。

表5-40 附属工程(编码:030413)

项目编码	项目名称	项目特征	计量单位	工程量计算规则	工作内容
030413001	铁构件	1. 名称 2. 材质 3. 规格	kg	按设计图示尺寸以质量计算	1. 制作 2. 安装 3. 补刷(喷)油漆
030413002	凿(压)槽	1. 名称 2. 规格 3. 类型 4. 填充(恢复)方式 5. 混凝土标准	m	按设计图示尺寸以长度计算	1. 开槽 2. 恢复处理
030413003	打洞(孔)	1. 名称 2. 规格 3. 类型 4. 填充(恢复)方式 5. 混凝土标准	个	按设计图示数量计算	1. 开孔、洞 2. 恢复处理
030413004	管道包封	1. 名称 2. 规格 3. 混凝土强度等级	m	按设计图示长度计算	1. 灌注 2. 养护
030413005	人(手)孔砌筑	1. 名称 2. 规格 3. 类型	个	按设计图示数量计算	砌筑
030413006	人(手)孔防水	1. 名称 2. 类型 3. 规格 4. 防水材质及做法	m²	按设计图示防水面积计算	防水

第6章 给水排水、采暖、燃气安装工程工程量计算规则

6.1 给水排水安装工程

6.1.1 全统安装定额工程量计算规则

1. 管道安装

（1）各种管道，均以施工图所示中心长度，以"m"为计量单位，不扣除阀门、管件（包括减压器、疏水器、水表、伸缩器等组成安装）所占的长度。

（2）镀锌铁皮套管制作以"个"为计量单位，其安装已包括在管道安装定额内，不得另行计算。

（3）管道支架制作安装，室内管道公称直径32mm以下的安装工程已包括在内，不得另行计算；公称直径32mm以上的，可另行计算。

（4）各种伸缩器制作安装，均以"个"为计量单位。方形伸缩器的两臂，按臂长的两倍合并在管道长度内计算。

（5）管道消毒、冲洗、压力试验，均按管道长度以"m"为计量单位，不扣除阀门、管件所占的长度。

2. 阀门、水位标尺安装

（1）各种阀门安装，均以"个"为计量单位。法兰阀门安装，如仅为一侧法兰连接时，定额所列法兰、带帽螺栓及垫圈数量减半，其余不变。

（2）各种法兰连接用垫片，均按石棉橡胶板计算。如用其他材料，不得调整。

（3）法兰阀（带短管甲乙）安装，均以"套"为计量单位。如接口材料不同时，可调整。

（4）自动排气阀安装以"个"为计量单位，已包括了支架制作安装，不得另行计算。

（5）浮球阀安装均以"个"为计量单位，已包括了联杆及浮球的安装，不得另行计算。

（6）浮标液面计、水位标尺是按国标编制的，如设计与国标不符时，可调整。

3. 低压器具、水表组成与安装

（1）减压器、疏水器组成安装以"组"为计量单位。如设计组成与定额不同时，阀门和压力表数量可按设计用量进行调整，其余不变。

（2）减压器安装，按高压侧的直径计算。

（3）法兰水表安装以"组"为计量单位，定额中旁通管及止回阀如与设计规定的安装形式不同时，阀门及止回阀可按设计规定进行调整，其余不变。

4. 卫生器具制作安装

（1）卫生器具组成安装，以"组"为计量单位，已按标准图综合了卫生器具与给水管、排水

管连接的人工与材料用量,不得另行计算。

（2）浴盆安装不包括支座和四周侧面的砌砖及瓷砖粘贴。

（3）蹲式大便器安装,已包括了固定大便器的垫砖,但不包括大便器蹲台砌筑。

（4）大便槽、小便槽自动冲洗水箱安装,以"套"为计量单位,已包括了水箱托架的制作安装,不得另行计算。

（5）小便槽冲洗管制作与安装,以"m"为计量单位,不包括阀门安装,其工程量可按相应定额另行计算。

（6）脚踏开关安装,已包括了弯管与喷头的安装,不得另行计算。

（7）冷热水混合器安装,以"套"为计量单位,不包括支架制作安装及阀门安装,其工程量可按相应定额另行计算。

（8）蒸汽-水加热器安装,以"台"为计量单位,包括莲蓬头安装,不包括支架制作安装及阀门、疏水器安装,其工程量可按相应定额另行计算。

（9）容积式水加热器安装,以"台"为计量单位,不包括安全阀安装、保温与基础砌筑,其工程量可按相应定额另行计算。

（10）电热水器、电开水炉安装,以"台"为计量单位,只考虑本体安装,连接管、连接件等工程量可按相应定额另行计算。

（11）饮水器安装以"台"为计量单位,阀门和脚踏开关工程量可按相应定额另行计算。

6.1.2 新旧工程量计算规则对比

给排水安装工程工程量清单项目及计算规则变化情况,见表6-1。

表6-1　给排水安装工程

序号	"13规范"项目名称、编码	"08规范"项目名称、编码	变化情况
	给排水、采暖、燃气管道		
1	镀锌钢管 （编码:031001001）	镀锌钢管 （编码:030801001）	项目特征:**变化** 计量单位:**不变** 工程量计算规则:**变化** 工程内容:**变化**
2	钢管 （编码:031001002）	钢管 （编码:030801002）	项目特征:**变化** 计量单位:**不变** 工程量计算规则:**变化** 工程内容:**变化**
3	不锈钢管 （编码:031001003）	不锈钢管 （编码:030801009）	项目特征:**变化** 计量单位:**不变** 工程量计算规则:**变化** 工程内容:**变化**
4	铜管 （编码:031001004）	铜管 （编码:030801010）	项目特征:**变化** 计量单位:**不变** 工程量计算规则:**变化** 工程内容:**变化**
5	铸铁管 （编码:031001005）	承插铸铁管 （编码:030801003） 柔性抗震铸铁管 （编码:030801004）	项目特征:**变化** 计量单位:**不变** 工程量计算规则:**变化** 工程内容:**变化**

续表

序号	"13 规范"项目名称、编码	"08 规范"项目名称、编码	变化情况
6	塑料管 （编码：031001006）	塑料管（UPVC、PVC、PP—C、 PP—R、PE 管等） （编码：030801005）	项目特征：变化 计量单位：不变 工程量计算规则：变化 工程内容：变化
7	复合管 （编码：031001007）	塑料复合管 （编码：030801007） 钢骨架塑料复合管 （编码：030801008）	项目特征：变化 计量单位：不变 工程量计算规则：变化 工程内容：变化
8	直埋式预制保温管 （编码：031001008）	无	新增
9	承插陶瓷缸瓦管 （编码：031001009）	承插缸瓦管 （编码：030801011）	项目特征：变化 计量单位：不变 工程量计算规则：变化 工程内容：变化
10	承插水泥管 （编码：031001010）	承插水泥管 （编码：030801012）	项目特征：变化 计量单位：不变 工程量计算规则：变化 工程内容：变化
11	室外管道碰头 （编码：031001011）	无	新增
支架及其他			
1	管道支架 （编码：031002001）	管道支吊架 （编码：030802001）	项目特征：变化 计量单位：变化 工程量计算规则：变化 工程内容：变化
2	设备支架 （编码：031002002）	无	新增
3	套管 （编码：031002003）	无	新增
管道附件			
1	螺纹阀门 （编码：031003001）	螺纹阀门 （编码：030803001）	项目特征：变化 计量单位：不变 工程量计算规则：变化 工程内容：不变
2	螺纹法兰阀门 （编码：031003002）	螺纹法兰阀门 （编码：030803002）	项目特征：变化 计量单位：不变 工程量计算规则：变化 工程内容：不变
3	焊接法兰阀门 （编码：031003003）	焊接法兰阀门 （编码：030803003）	项目特征：变化 计量单位：不变 工程量计算规则：变化 工程内容：不变
4	带短管甲乙阀门 （编码：031003004）	带短管甲乙的阀门 （编码：030803004）	项目特征：变化 计量单位：不变 工程量计算规则：变化 工程内容：不变

序号	"13 规范"项目名称、编码	"08 规范"项目名称、编码	变化情况
5	塑料阀门 （编码:031003005）	无	**新增**
6	减压器 （编码:031003006）	减压器 （编码:030803007）	项目特征:变化 计量单位:不变 工程量计算规则:不变 工程内容:变化
7	疏水器 （编码:031003007）	疏水器 （编码:030803008）	项目特征:变化 计量单位:不变 工程量计算规则:不变 工程内容:变化
8	除污器（过滤器） （编码:031003008）	无	**新增**
9	补偿器 （编码:031003009）	无	**新增**
10	软接头（软管） （编码:031003010）	无	**新增**
11	法兰 （编码:031003011）	法兰 （编码:030803009）	项目特征:变化 计量单位:变化 工程量计算规则:不变 工程内容:变化
12	倒流防止器 （编码:031003012）	无	**新增**
13	水表 （编码:031003013）	水表 （编码:030803010）	项目特征:变化 计量单位:不变 工程量计算规则:不变 工程内容:变化
14	热量表 （编码:031003014）	无	**新增**
15	塑料排水管消声器 （编码:031003015）	塑料排水管消声器 （编码:030803012）	项目特征:变化 计量单位:不变 工程量计算规则:不变 工程内容:不变
16	浮标液面计 （编码:031003016）	浮标液面计 （编码:030803014）	项目特征:变化 计量单位:不变 工程量计算规则:不变 工程内容:不变
17	浮漂水位标尺 （编码:031003017）	浮漂水位标尺 （编码:030803015）	项目特征:变化 计量单位:不变 工程量计算规则:不变 工程内容:不变
卫生器具			
1	浴缸 （编码:031004001）	浴盆 （编码:030804001）	项目特征:变化 计量单位:不变 工程量计算规则:不变 工程内容:不变

续表

序号	"13规范"项目名称、编码	"08规范"项目名称、编码	变化情况
2	净身盆 (编码:031004002)	净身盆 (编码:030804002)	项目特征:**变化** 计量单位:**不变** 工程量计算规则:**不变** 工程内容:**不变**
3	洗脸盆 (编码:031004003)	洗脸盆 (编码:030804003)	项目特征:**变化** 计量单位:**不变** 工程量计算规则:**不变** 工程内容:**不变**
4	洗涤盆 (编码:031004004)	洗涤盆(洗菜盆) (编码:030804005)	项目特征:**变化** 计量单位:**不变** 工程量计算规则:**不变** 工程内容:**不变**
5	化验盆 (编码:031004005)	化验盆 (编码:030804006)	项目特征:**变化** 计量单位:**不变** 工程量计算规则:**不变** 工程内容:**不变**
6	大便器 (编码:031004006)	大便器 (编码:030804012)	项目特征:**变化** 计量单位:**变化** 工程量计算规则:**不变** 工程内容:**不变**
7	小便器 (编码:031004007)	小便器 (编码:030804013)	项目特征:**变化** 计量单位:**变化** 工程量计算规则:**不变** 工程内容:**不变**
8	其他成品卫生器具 (编码:031004008)	无	**新增**
9	烘手器 (编码:031004009)	烘手机 (编码:030804011)	项目特征:**变化** 计量单位:**变化** 工程量计算规则:**不变** 工程内容:**变化**
10	淋浴器 (编码:031004010)	淋浴器 (编码:030804007)	项目特征:**变化** 计量单位:**不变** 工程量计算规则:**不变** 工程内容:**不变**
11	淋浴间 (编码:031004011)	淋浴间 (编码:030804008)	项目特征:**变化** 计量单位:**不变** 工程量计算规则:**不变** 工程内容:**不变**
12	桑拿浴房 (编码:031004012)	桑拿浴房 (编码:030804009)	项目特征:**变化** 计量单位:**不变** 工程量计算规则:**不变** 工程内容:**不变**
13	大、小便槽自动冲洗水箱 (编码:031004013)	无	**新增**
14	给、排水附(配)件 (编码:031004014)	排水栓(编码:030804015) 水龙头(编码:030804016) 地漏(编码:030804017) 地面扫除口(编码:030804018)	项目特征:**变化** 计量单位:**不变** 工程量计算规则:**不变** 工程内容:**不变**

序号	"13规范"项目名称、编码	"08规范"项目名称、编码	变化情况
15	小便槽冲洗管 （编码:031004015）	小便槽冲洗管制作安装 （编码:030804019）	项目特征:**变化** 计量单位:**不变** 工程量计算规则:**不变** 工程内容:**不变**
16	蒸汽-水加热器 （编码:031004016）	蒸汽-水加热器 （编码:030804023）	项目特征:**变化** 计量单位:**不变** 工程量计算规则:**不变** 工程内容:**变化**
17	冷热水混合器 （编码:031004017）	冷热水混合器 （编码:030804024）	项目特征:**变化** 计量单位:**不变** 工程量计算规则:**不变** 工程内容:**变化**
18	饮水器 （编码:031004018）	饮水器 （编码:030804027）	项目特征:**变化** 计量单位:**不变** 工程量计算规则:**不变** 工程内容:**变化**
19	隔油器（编码:031004019）	无	**新增**

6.1.3 "13规范"清单计价工程量计算规则

（1）给排水、采暖、燃气管道（编码:031001）工程量清单项目设置及工程量计算规则，见表6-2。

表6-2 给排水、采暖、燃气管道（编码:031001）

项目编码	项目名称	项目特征	计量单位	工程量计算规则	工作内容
031001001	镀锌钢管	1. 安装部位 2. 介质 3. 规格、压力等级 4. 连接形式 5. 压力试验及吹、洗设计要求 6. 警示带形式			1. 管道安装 2. 管件制作、安装 3. 压力试验 4. 吹扫、冲洗 5. 警示带铺设
031001002	钢管				
031001003	不锈钢管				
031001004	铜管				
031001005	铸铁管	1. 安装部位 2. 介质 3. 材质、规格 4. 连接形式 5. 接口材料 6. 压力试验及吹、洗设计要求 7. 警示带形式	m	按设计图示管道中心线以长度计算	1. 管道安装 2. 管件安装 3. 压力试验 4. 吹扫、冲洗 5. 警示带铺设
031001006	塑料管	1. 安装部位 2. 介质 3. 材质、规格 4. 连接形式 5. 阻火圈设计要求 6. 压力试验及吹、洗设计要求 7. 警示带形式			1. 管道安装 2. 管件安装 3. 塑料卡固定 4. 阻火圈安装 5. 压力试验 6. 吹扫、冲洗 7. 警示带铺设

项目编码	项目名称	项目特征	计量单位	工程量计算规则	工作内容
031001007	复合管	1. 安装部位 2. 介质 3. 材质、规格 4. 连接形式 5. 压力试验及吹、洗设计要求 6. 警示带形式	m	按设计图示管道中心线以长度计算	1. 管道安装 2. 管件安装 3. 塑料卡固定 4. 压力试验 5. 吹扫、冲洗 6. 警示带铺设
031001008	直埋式预制保温管	1. 埋设深度 2. 介质 3. 管道材质、规格 4. 连接形式 5. 接口保温材料 6. 压力试验及吹、洗设计要求 7. 警示带形式			1. 管道安装 2. 管件安装 3. 接口保温 4. 压力试验 5. 吹扫、冲洗 6. 警示带铺设
031001009	承插陶瓷缸瓦管	1. 埋设深度 2. 规格 3. 接口方式及材料 4. 压力试验及吹、洗设计要求 5. 警示带形式			1. 管道安装 2. 管件安装 3. 压力试验 4. 吹扫、冲洗 5. 警示带铺设
031001010	承插水泥管				
031001011	室外管道碰头	1. 介质 2. 碰头形式 3. 材质、规格 4. 连接形式 5. 防腐、绝热设计要求	处	按设计图示以处计算	1. 挖填工作坑或暖气沟拆除及修复 2. 碰头 3. 接口处防腐 4. 接口处绝热及保护层

（2）支架及其他（编码:031002）工程量清单项目设置及工程量计算规则，见表6-3。

表6-3 支架及其他（编码:031002）

项目编码	项目名称	项目特征	计量单位	工程量计算规则	工作内容
031002001	管道支架	1. 材质 2. 管架形式	1. kg 2. 套	1. 以千克计量，按设计图示质量计算 2. 以套计量，按设计图示数量计算	1. 制作 2. 安装
031002002	设备支架	1. 材质 2. 形式			
031002003	套管	1. 名称、类型 2. 材质 3. 规格 4. 填料材质	个	按设计图示数量计算	1. 制作 2. 安装 3. 除锈、刷油

（3）管道附件（编码:031003）工程量清单项目设置及工程量计算规则，见表6-4。

表6-4 管道附件（编码:031003）

项目编码	项目名称	项目特征	计量单位	工程量计算规则	工作内容
031003001	螺纹阀门	1. 类型 2. 材质 3. 规格、压力等级 4. 连接形式 5. 焊接方法	个	按设计图示数量计算	1. 安装 2. 电气接线 3. 调试
031003002	螺纹法兰阀门				
031003003	焊接法兰阀门				

续表

项目编码	项目名称	项目特征	计量单位	工程量计算规则	工作内容
031003004	带短管甲乙阀门	1. 材质 2. 规格、压力等级 3. 连接形式 4. 接口方式及材质	个		1. 安装 2. 电气接线 3. 调试
031003005	塑料阀门	1. 规格 2. 连接形式			1. 安装 2. 调试
031003006	减压器	1. 材质 2. 规格、压力等级 3. 连接形式 4. 附件配置	组		组装
031003007	疏水器				
031003008	除污器 (过滤器)	1. 材质 2. 规格、压力等级 3. 连接形式			
031003009	补偿器	1. 类型 2. 材质 3. 规格、压力等级 4. 连接形式	个	按设计图示数量计算	安装
031003010	软接头 (软管)	1. 材质 2. 规格 3. 连接形式	个(组)		
031003011	法兰	1. 材质 2. 规格、压力等级 3. 连接形式	副(片)		
031003012	倒流防止器	1. 材质 2. 型号、规格 3. 连接形式	套		
031003013	水表	1. 安装部位(室内外) 2. 型号、规格 3. 连接形式 4. 附件配置	组 (个)		组装
031003014	热量表	1. 类型 2. 型号、规格 3. 连接形式	块		
031003015	塑料排水管消声器	1. 规格 2. 连接形式	个		安装
031003016	浮标液面计		组		
031003017	浮漂水位标尺	1. 用途 2. 规格	套		

(4)卫生器具(编码:031004)工程量清单项目设置及工程量计算规则,见表6-5。

表6-5　卫生器具(编码:031004)

项目编码	项目名称	项目特征	计量单位	工程量计算规则	工作内容
031004001	浴缸	1. 材质 2. 规格、类型 3. 组装形式 4. 附件名称、数量	组	按设计图示数量计算	1. 器具安装 2. 附件安装
031004002	净身盆				
031004003	洗脸盆				
031004004	洗涤盆				
031004005	化验盆				
031004006	大便器				
031004007	小便器				
031004008	其他成品卫生器具				
031004009	烘手器	1. 材质 2. 型号、规格	个		安装
031004010	淋浴器	1. 材质、规格 2. 组装形式 3. 附件名称、数量	套		1. 器具安装 2. 附件安装
031004011	淋浴间				
031004012	桑拿浴房				
031004013	大、小便槽自动冲洗水箱	1. 材质、类型 2. 规格 3. 水箱配件 4. 支架形式及做法 5. 器具及支架除锈、刷油设计要求			1. 制作 2. 安装 3. 支架制作、安装 4. 除锈、刷油
031004014	给、排水附(配)件	1. 材质 2. 型号、规格 3. 安装方式	个(组)		安装
031004015	小便槽冲洗管	1. 材质 2. 规格	m	按设计图示长度计算	1. 制作 2. 安装
031004016	蒸汽-水加热器	1. 类型 2. 型号、规格 3. 安装方式	套	按设计图示数量计算	安装
031004017	冷热水混合器				
031004018	饮水器				
031004019	隔油器	1. 类型 2. 型号、规格 3. 安装部位			

6.2　采暖安装工程

6.2.1　全统安装定额工程量计算规则

1. 管道安装

(1)室内采暖管道的工程量均按图示中心线的"延长米"为单位计算,阀门、管件所占长度均不从延长米中扣除,但暖气片所占长度应扣除。

室内采暖管道安装工程除管道本身价值和直径在 32mm 以上钢管支架需另行计算外,以下工作内容均已考虑在定额中,不得重复计算:管道及接头零件安装;水压试验或灌水试验;DN32 以内钢管的管卡及托钩制作安装;弯管制作与安装(伸缩器、圆形补偿器除外);穿墙及过楼板铁皮套管安装人工等。穿墙及过楼板镀锌铁皮套管的制作应按镀锌铁皮套管项目另行计算,钢套管的制作安装工料,按室外焊接钢管安装项目计算。

(2)除锅炉房和泵房管道安装以及高层建筑内加压泵间的管道安装执行《全统定额》"工业管道工程"分册的相应项目外,其余部分均按《全统定额》"给排水、采暖、燃气工程"分册执行。

(3)安装的管子规格如与定额中子目规定不相符合时,应使用接近规格的项目,规格居中时按大者套,超过定额最大规格时可作补充定额。

(4)各种伸缩器制作安装根据其不同型式、连接方式和公称直径,分别以"个"为单位计算。

用直管弯制伸缩器,在计算工程量时,应分别并入不同直径的导管延长米内,弯曲的两臂长度原则上应按设计确定的尺寸计算。若设计未明确时,按弯曲臂长(H)的两倍计算。

套筒式以及除去以直管弯制的伸缩器以外的各种形式的补偿器,在计算时,均不扣除所占管道的长度。

(5)阀门安装工程量以"个"为单位计算,不分低压、中压,使用同一定额,但连接方式应按螺纹式和法兰式以及不同规格分别计算。螺纹阀门安装适用于内外螺纹的阀门安装。法兰阀门安装适用于各种法兰阀门的安装。如仅为一侧法兰连接时,定额中的法兰、带帽螺栓及钢垫圈数量减半计算。各种法兰连接用垫片均按石棉橡胶板计算,如用其他材料,均不做调整。

2. 低压器具安装

减压器和疏水器的组成与安装均应区分连接方式和公称直径的不同,分别以"组"为单位计算。减压器安装按高压侧的直径计算。减压器、疏水器如设计组成与定额不同时,阀门和压力表数量可按设计需要量调整,其余不变。但单体安装的减压器、疏水器应按阀门安装项目执行。单体安装的安全阀可按阀门安装相应定额项目乘以系数 2.0 计算。

3. 供暖器具安装

(1)热空气幕安装,以"台"为计量单位,其支架制作安装可按相应定额另行计算。

(2)长翼、柱型铸铁散热器组成安装,以"片"为计量单位,其汽包垫不得换算;圆翼型铸铁散热器组成安装,以"节"为计量单位。

(3)光排管散热器制作安装,以"m"为计量单位,已包括联管长度,不得另行计算。

4. 小型容器制作安装

(1)钢板水箱制作,按施工图所示尺寸,不扣除人孔、手孔质量,以"kg"为计量单位。法兰和短管水位计可按相应定额另行计算。

(2)钢板水箱安装,按国家标准图集水箱容量"m³",执行相应定额。各种水箱安装,均以"个"为计量单位。

6.2.2 新旧工程量计算规则对比

采暖安装工程工程量清单项目及计算规则变化情况,见表6-6。

表 6-6　采暖安装工程

序号	"13 规范"项目名称、编码	"08 规范"项目名称、编码	变化情况
	供暖器具		
1	铸铁散热器 （编码：031005001）	铸铁散热器 （编码：030805001）	项目特征：变化 计量单位：变化 工程量计算规则：不变 工程内容：变化
2	钢制散热器 （编码：031005002）	钢制闭式散热器 （编码：030805002） 钢制板式散热器 （编码：030805003） 钢制壁板式散热器 （编码：030805005） 钢制柱式散热器 （编码：030805006）	项目特征：变化 计量单位：变化 工程量计算规则：不变 工程内容：变化
3	其他成品散热器 （编码：031005003）	无	新增
4	光排管散热器 （编码：031005004）	光排管散热器制作安装 （编码：030805004）	项目特征：变化 计量单位：不变 工程量计算规则：变化 工程内容：变化
5	暖风机 （编码：031005005）	暖风机 （编码：030805007）	项目特征：变化 计量单位：不变 工程量计算规则：不变 工程内容：不变
6	地板辐射采暖 （编码：031005006）	无	新增
7	热媒集配装置 （编码：031005007）	无	新增
8	集气罐 （编码：031005008）	无	新增
	采暖、给排水设备		
1	变频给水设备 （编码：031006001）	无	新增
2	稳压给水设备 （编码：031006002）	无	新增
3	无负压给水设备 （编码：031006003）	无	新增
4	气压罐 （编码：031006004）	无	新增
5	太阳能集热装置 （编码：031006005）	无	新增
6	地源（水源、气源）热泵机组 （编码：031006006）	无	新增
7	除砂器 （编码：031006007）	无	新增

序号	"13规范"项目名称、编码	"08规范"项目名称、编码	变化情况
8	水处理器 (编码:031006008)	无	**新增**
9	超声波灭藻设备 (编码:031006009)	无	**新增**
10	水质净化器 (编码:031006010)	无	**新增**
11	紫外线杀菌设备 (编码:031006011)	无	**新增**
12	热水器、开水炉 (编码:031006012)	无	**新增**
13	消毒器消毒锅 (编码:031006013)	电消毒器 (编码:030804025) 消毒锅 (编码:030804026)	**不变**
14	直饮水设备 (编码:031006014)	无	**新增**
15	水箱 (编码:031006015)	水箱制作安装 (编码:030804014)	项目特征:**不变** 计量单位:**变化** 工程量计算规则:**不变** 工程内容:**变化**

6.2.3 "13规范"清单计价工程量计算规则

(1)供暖器具(编码:031005)工程量清单项目设置及工程量计算规则,见表6-7。

表6-7 供暖器具(编码:031005)

项目编码	项目名称	项目特征	计量单位	工程量计算规则	工作内容
031005001	铸铁散热器	1. 型号、规格 2. 安装方式 3. 托架形式 4. 器具、托架除锈、刷油设计要求	片(组)	按设计图示数量计算	1. 组对、安装 2. 水压试验 3. 托架制作、安装 4. 除锈、刷油
031005002	钢制散热器	1. 结构形式 2. 型号、规格 3. 安装方式 4. 托架刷油设计要求	组(片)		1. 安装 2. 托架安装 3. 托架刷油
031005003	其他成品散热器	1. 材质、类型 2. 型号、规格 3. 托架刷油设计要求	组(片)	按设计图示数量计算	1. 安装 2. 托架安装 3. 托架刷油
031005004	光排管散热器	1. 材质、类型 2. 型号、规格 3. 托架形式及做法 4. 器具、托架除锈、刷油设计要求	m	按设计图示排管长度计算	1. 制作、安装 2. 水压试验 3. 除锈、刷油
031005005	暖风机	1. 质量 2. 型号、规格 3. 安装方式	台	按设计图示数量计算	安装

续表

项目编码	项目名称	项目特征	计量单位	工程量计算规则	工作内容
031005006	地板辐射采暖	1. 保温层材质、厚度 2. 钢丝网设计要求 3. 管道材质、规格 4. 压力试验及吹扫设计要求	1. m² 2. m	1. 以"m²"计量,按设计图示采暖房间净面积计算 2. 以"m"计量,按设计图示管道长度计算	1. 保温层及钢丝网铺设 2. 管道排布、绑扎、固定 3. 与分水器连接 4. 水压试验、冲洗 5. 配合地面浇注
031005007	热媒集配装置	1. 材质 2. 规格 3. 附件名称、规格、数量	台	按设计图示数量计算	1. 制作 2. 安装 3. 附件安装
031005008	集气罐	1. 材质 2. 规格	个		1. 制作 2. 安装

（2）采暖、给排水设备（编码:031006）工程量清单项目设置及工程量计算规则,见表6-8。

表6-8　采暖、给排水设备（编码:031006）

项目编码	项目名称	项目特征	计量单位	工程量计算规则	工作内容
031006001	变频给水设备	1. 设备名称 2. 型号、规格 3. 水泵主要技术参数 4. 附件名称、规格、数量 5. 减振装置形式	套		1. 设备安装 2. 附件安装 3. 调试 4. 减振装置制作、安装
031006002	稳压给水设备				
031006003	无负压给水设备				
031006004	气压罐	1. 型号、规格 2. 安装方式	台		1. 安装 2. 调试
031006005	太阳能集热装置	1. 型号、规格 2. 安装方式 3. 附件名称、规格、数量	套		1. 安装 2. 附件安装
031006006	地源（水源、气源）热泵机组	1. 型号、规格 2. 安装方式 3. 减振装置形式	组	按设计图示数量计算	1. 安装 2. 减振装置制作、安装
031006007	除砂器	1. 型号、规格 2. 安装方式			
031006008	水处理器				安装
031006009	超声波灭藻设备	1. 类型 2. 型号、规格			
031006010	水质净化器				
031006011	紫外线杀菌设备	1. 名称 2. 规格	台		
031006012	热水器、开水炉	1. 能源种类 2. 型号、容积 3. 安装方式			1. 安装 2. 附件安装
031006013	消毒器、消毒锅	1. 类型 2. 型号、规格			安装
031006014	直饮水设备	1. 名称 2. 规格	套		
031006015	水箱	1. 材质、类型 2. 型号、规格	台		1. 制作 2. 安装

6.3 燃气安装工程

6.3.1 全统安装定额工程量计算规则

（1）各种管道安装，均按设计管道中心线长度，以"m"为计量单位，不扣除各种管件和阀门所占长度。

（2）除铸铁管外，管道安装中已包括管件安装和管件本身价值。

（3）承插铸铁管安装定额中未列出接头零件，其本身价值应按设计用量另行计算，其余不变。

（4）钢管焊接挖眼接管工作，均在定额中综合取定，不得另行计算。

（5）调长器及调长器与阀门连接，包括一副法兰安装，螺栓规格和数量以压力为 0.6MPa 的法兰装配；如压力不同，可按设计要求的数量、规格进行调整，其他不变。

（6）燃气表安装，按不同规格、型号分别以"块"为计量单位，不包括表托、支架、表底垫层基础，其工程量可根据设计要求另行计算。

（7）燃气加热设备、灶具等，按不同用途规定型号，分别以"台"为计量单位。

（8）气嘴安装按规格型号连接方式，分别以"个"为计量单位。

6.3.2 新旧工程量计算规则对比

燃气器具及其他工程工程量清单项目及计算规则变化情况，见表6-9。

表 6-9　燃气器具及其他工程

序号	"13规范"项目名称、编码	"08规范"项目名称、编码	变化情况
1	燃气开水炉 （编码:031007001）	燃气开水炉 （编码:030806001）	项目特征:变化 计量单位:不变 工程量计算规则:不变 工程内容:变化
2	燃气采暖炉 （编码:031007002）	燃气采暖炉 （编码:030806002）	项目特征:变化 计量单位:不变 工程量计算规则:不变 工程内容:变化
3	燃气沸水器、消毒器 （编码:031007003）	沸水器 （编码:030806003）	项目特征:变化 计量单位:不变 工程量计算规则:不变 工程内容:变化
4	燃气热水器 （编码:031007004）	燃气快速热水器 （编码:030806004）	项目特征:变化 计量单位:不变 工程量计算规则:不变 工程内容:变化
5	燃气表 （编码:031007005）	燃气表 （编码:030803011）	项目特征:变化 计量单位:变化 工程量计算规则:不变 工程内容:变化
6	燃气灶具 （编码:031007006）	燃气灶具 （编码:030806005）	项目特征:变化 计量单位:不变 工程量计算规则:不变 工程内容:变化

续表

序号	"13 规范"项目名称、编码	"08 规范"项目名称、编码	变化情况
7	气嘴 （编码:031007007）	气嘴 （编码:030806006）	项目特征:**变化** 计量单位:**不变** 工程量计算规则:**不变** 工程内容:**变化**
8	调压器 （编码:031007008）	无	**新增**
9	燃气抽水缸 （编码:031007009）	抽水缸 （编码:030803016）	项目特征:**变化** 计量单位:**不变** 工程量计算规则:**不变** 工程内容:**不变**
10	燃气管道调长器 （编码:031007010）	燃气管道调长器（编码:030803017）	项目特征:**变化** 计量单位:**不变** 工程量计算规则:**不变** 工程内容:**不变**
11	调压箱、调压装置 （编码:031007011）	无	**新增**
12	引入口砌筑 （编码:031007012）	无	**新增**

6.3.3　"13 规范"清单计价工程量计算规则

燃气器具及其他（编码:031007）工程量清单项目设置及工程量计算规则,见表 6-10。

表 6-10　燃气器具及其他（编码:031007）

项目编码	项目名称	项目特征	计量单位	工程量计算规则	工作内容
031007001	燃气开水炉	1. 型号、容量 2. 安装方式 3. 附件型号、规格	台	按 设 计 图 示 数 量 计算	1. 安装 2. 附件安装
031007002	燃气采暖炉				
031007003	燃气沸水器、消毒器	1. 类型 2. 型号、容量 3. 安装方式 4. 附件型号、规格			
031007004	燃气热水器				
031007005	燃气表	1. 类型 2. 型号、规格 3. 连接方式 4. 托架设计要求	台 （块）		1. 安装 2. 托架制作、安装
031007006	燃气灶具	1. 用途 2. 类型 3. 型号、规格 4. 安装方式 5. 附件型号、规格	台		1. 安装 2. 附件安装
031007007	气嘴	1. 单嘴、双嘴 2. 材质 3. 型号、规格 4. 连接形式	个		安装

项目编码	项目名称	项目特征	计量单位	工程量计算规则	工作内容
031007008	调压器	1. 类型 2. 型号、规格 3. 安装方式	台		
031007009	燃气抽水缸	1. 材质 2. 规格 3. 连接形式	个	按设计图示数量计算	安装
031007010	燃气管道调长器	1. 规格 2. 压力等级 3. 连接形式			
031007011	调压箱、调压装置	1. 类型 2. 型号、规格 3. 安装部位	台		
031007012	引入口砌筑	1. 砌筑形式、材质 2. 保温、保护材料设计要求	处		1. 保温(保护)台砌筑 2. 填充保温(保护)材料

6.4 医疗气体设备及附件

6.4.1 新旧工程量计算规则对比

医疗气体设备及附件工程工程量清单项目及计算规则变化情况,见表6-11。

表6-11 医疗气体设备及附件工程

序号	"13 规范"项目名称、编码	"08 规范"项目名称、编码	变化情况
1	制氧机 (编码:031008001)	无	**新增**
2	液氧罐 (编码:031008002)	无	**新增**
3	二级稳压箱 (编码:031008003)	无	**新增**
4	气体汇流排 (编码:031008004)	无	**新增**
5	集污罐 (编码:031008005)	无	**新增**
6	刷手池 (编码:031008006)	无	**新增**
7	医用真空罐 (编码:031008007)	无	**新增**

序号	"13 规范"项目名称、编码	"08 规范"项目名称、编码	变化情况
8	气水分离器 （编码:031008008）	无	**新增**
9	干燥机 （编码:031008009）	无	**新增**
10	储气罐 （编码:031008010）	无	**新增**
11	空气过滤器 （编码:031008011）	无	**新增**
12	集水器 （编码:031008012）	无	**新增**
13	医疗设备带 （编码:031008013）	无	**新增**
14	气体终端 （编码:031008014）	无	**新增**

6.4.2 "13 规范"清单计价工程量计算规则

医疗气体设备及附件（编码:031008）工程量清单项目设置及工程量计算规则,见表6-12。

表 6-12 医疗气体设备及附件（编码:031008）

项目编码	项目名称	项目特征	计量单位	工程量计算规则	工作内容
031008001	制氧机	1. 型号、规格 2. 安装方式	台	按设计图示数量计算	1. 安装 2. 调试
031008002	液氧罐				
031008003	二级稳压箱				
031008004	气体汇流排		组		
031008005	集污罐		个		安装
031008006	刷手池	1. 材质、规格 2. 附件材质、规格	组		1. 器具安装 2. 附件安装
031008007	医用真空罐	1. 型号、规格 2. 安装方式 3. 附件材质、规格	台		1. 本体安装 2. 附件安装 3. 调试
031008008	气水分离器	1. 规格 2. 型号			安装
031008009	干燥机	1. 规格 2. 安装方式			1. 安装 2. 调试
031008010	储气罐				
031008011	空气过滤器		个		
031008012	集水器		台		
031008013	医疗设备带	1. 材质 2. 规格	m	按设计图示长度计算	
031008014	气体终端	1. 名称 2. 气体种类	个	按设计图示数量计算	

6.5 采暖、空调水工程系统调试

6.5.1 新旧工程量计算规则对比

采暖、空调水工程系统调试工程工程量清单项目及计算规则变化情况,见表6-13。

表6-13 采暖、空调水工程系统调试工程

序号	"13规范"项目名称、编码	"08规范"项目名称、编码	变化情况
1	采暖工程系统调试 (编码:031009001)	采暖工程系统调整 (编码:030807001)	项目特征:**变化** 计量单位:**不变** 工程量计算规则:**变化** 工程内容:**变化**
2	空调水工程系统调试 (编码:031009002)	无	**新增**

6.5.2 "13规范"清单计价工程量计算规则

采暖、空调水工程系统调试(编码:031009)工程量清单项目设置及工程量计算规则,见表6-14。

表6-14 采暖、空调水工程系统调试(编码:031009)

项目编码	项目名称	项目特征	计量单位	工程量计算规则	工作内容
031009001	采暖工程系统调试	系统形式	系统	按采暖工程系统计算	系统调试
031009002	空调水工程系统调试			按空调水工程系统计算	

第7章 通风空调工程工程量计算规则

7.1 通风空调设备及部件制作安装工程

7.1.1 全统安装定额工程量计算规则

（1）风机安装，按设计不同型号以"台"为计量单位。

（2）整体式空调机组安装，空调器按不同质量和安装方式，以"台"为计量单位；分段组装空调器，按质量以"kg"为计量单位。

（3）风机盘管安装，按安装方式不同以"台"为计量单位。

（4）空气加热器、除尘设备安装，按质量不同以"台"为计量单位。

7.1.2 新旧工程量计算规则对比

（1）通风空调设备及部件安装工程工程量清单项目及计算规则变化情况，见表7-1。

表7-1 通风空调设备及部件制作安装工程

序号	"13规范"项目名称、编码	"08规范"项目名称、编码	变化情况
1	空气加热器（冷却器） （编码：030701001）	空气加热器（冷却器） （编码：030901001）	项目特征：**变化** 计量单位：**不变** 工程量计算规则：**不变** 工程内容：**变化**
2	除尘设备 （编码：030701002）	除尘设备 （编码：030901003）	项目特征：**变化** 计量单位：**不变** 工程量计算规则：**不变** 工程内容：**变化**
3	空调器 （编码：030701003）	空调器 （编码：030901004）	项目特征：**变化** 计量单位：**不变** 工程量计算规则：**变化** 工程内容：**变化**
4	风机盘管 （编码：030701004）	风机盘管 （编码：030901005）	项目特征：**变化** 计量单位：**不变** 工程量计算规则：**不变** 工程内容：**变化**
5	表冷器（编码：030701005）	无	**新增**
6	密闭门 （编码：030701006）	无	**新增**
7	挡水板 （编码：030701007）	挡水板制作安装 （编码：030901007）	项目特征：**变化** 计量单位：**变化** 工程量计算规则：**不变** 工程内容：**变化**

序号	"13规范"项目名称、编码	"08规范"项目名称、编码	变化情况
8	滤水器、溢水盘 (编码:030701008)	滤水器、溢水盘制作安装 (编码:030901008)	项目特征:**变化** 计量单位:**变化** 工程量计算规则:**不变** 工程内容:**变化**
9	金属壳体 (编码:030701009)	金属壳体制作安装 (编码:030901009)	项目特征:**变化** 计量单位:**变化** 工程量计算规则:**不变** 工程内容:**变化**
10	过滤器 (编码:030701010)	过滤器 (编码:030901010)	项目特征:**变化** 计量单位:**变化** 工程量计算规则:**变化** 工程内容:**变化**
11	净化工作台 (编码:030701011)	净化工作台 (编码:030901011)	项目特征:**变化** 计量单位:**不变** 工程量计算规则:**不变** 工程内容:**变化**
12	风淋室 (编码:030701012)	风淋室 (编码:030901012)	项目特征:**变化** 计量单位:**不变** 工程量计算规则:**不变** 工程内容:**变化**
13	洁净室 (编码:030701013)	洁净室 (编码:030901013)	项目特征:**变化** 计量单位:**不变** 工程量计算规则:**不变** 工程内容:**变化**
14	除湿机 (编码:030701014)	无	**新增**
15	人防过滤吸收器 (编码:030701015)	无	**新增**

（2）通风工程检测、调试工程量清单项目及计算规则变化情况,见表7-2。

表7-2 通风工程检测、调试

序号	"13规范"项目名称、编码	"08规范"项目名称、编码	变化情况
1	通风工程检测、调试 (编码:030704001)	通风工程检测、调试 (编码:030904001)	项目特征:**不变** 计量单位:**不变** 工程量计算规则:**不变** 工程内容:**变化**
2	风管漏光试验、漏风试验 (编码:030704002)	无	**新增**

7.1.3 "13规范"清单计价工程量计算规则

（1）通风空调设备及部件制作安装（编码:030701）工程量清单项目设置及工程量计算规则,见表7-3。

表 7-3　通风空调设备及部件制作安装(编码:030701)

项目编码	项目名称	项目特征	计量单位	工程量计算规则	工作内容
030701001	空气加热器(冷却器)	1. 名称 2. 型号 3. 规格 4. 质量 5. 安装形式 6. 支架形式、材质	台	按设计图示数量计算	1. 本体安装、调试 2. 设备支架制作、安装 3. 补刷(喷)油漆
030701002	除尘设备				
030701003	空调器	1. 名称 2. 型号 3. 规格 4. 安装形式 5. 质量 6. 隔振垫(器)、支架形式、材质	台(组)		1. 本体安装或组装、调试 2. 设备支架制作、安装 3. 补刷(喷)油漆
030701004	风机盘管	1. 名称 2. 型号 3. 规格 4. 安装形式 5. 减振器、支架形式、材质 6. 试压要求	台		1. 本体安装、调试 2. 支架制作、安装 3. 试压 4. 补刷(喷)油漆
030701005	表冷器	1. 名称 2. 型号 3. 规格			1. 本体安装 2. 型钢制作、安装 3. 过滤器安装 4. 挡水板安装 5. 调试及运转 6. 补刷(喷)油漆
030701006	密闭门	1. 名称 2. 型号 3. 规格 4. 形式 5. 支架形式、材质	个		1. 本体制作 2. 本体安装 3. 支架制作、安装
030701007	挡水板				
030701008	滤水器、溢水盘				
030701009	金属壳体				
030701010	过滤器	1. 名称 2. 型号 3. 规格 4. 类型 5. 框架形式、材质	1. 台 2. m²	1. 以台计量,按设计图示数量计算 2. 以面积计量,按设计图示尺寸以过滤面积计算	1. 本体安装 2. 框架制作、安装 3. 补刷(喷)油漆
030701011	净化工作台	1. 名称 2. 型号 3. 规格 4. 类型	台	按设计图示数量计算	1. 本体安装 2. 补刷(喷)油漆
030701012	风淋室	1. 名称 2. 型号 3. 规格 4. 类型 5. 质量			
030701013	洁净室				
030701014	除湿机	1. 名称 2. 型号 3. 规格 4. 类型			本体安装

项目编码	项目名称	项目特征	计量单位	工程量计算规则	工作内容
030701015	人防过滤吸收器	1. 名称 2. 规格 3. 形式 4. 材质 5. 支架形式、材质	台	按设计图示数量计算	1. 过滤吸收器安装 2. 支架制作、安装

（2）通风工程检测、调试（编码:030704）工程量清单项目设置及工程量计算规则,见表7-4。

表7-4　通风工程检测、调试（编码:030704）

项目编码	项目名称	项目特征	计量单位	工程量计算规则	工作内容
030704001	通风工程检测、调试	风管工程量	系统	按通风系统计算	1. 通风管道风量测定 2. 风压测定 3. 温度测定 4. 各系统风口、阀门调整
030704002	风管漏光试验、漏风试验	漏光试验、漏风试验、设计要求	m²	按设计图纸或规范要求以展开面积计算	通风管道漏光试验、漏风试验

7.2　通风管道制作安装工程

7.2.1　全统安装定额工程量计算规则

（1）风管制作安装,以施工图规格不同按展开面积计算,不扣除检查孔、测定孔、送风口、吸风口等所占面积。圆形风管的计算式为:

$$F = \pi DL$$

式中　F——圆形风管展开面积,m²;

D——圆形风管直径,m;

L——管道中心线长度,m。

矩形风管按图示周长乘以管道中心线长度计算。

（2）风管长度一律以施工图示中心线长度为准（主管与支管以其中心线交点划分）,包括弯头、三通、变径管、天圆地方等管件的长度,但不得包括部件所占长度。直径和周长按图示尺寸为准展开,咬口重叠部分已包括在定额内,不得另行增加。

（3）风管导流叶片制作安装按图示叶片的面积计算。

（4）整个通风系统设计采用渐缩管均匀送风者,圆形风管按平均直径、矩形风管按平均周长计算。

（5）塑料风管、复合型材料风管制作安装定额所列规格直径为内径,周长为内周长。

（6）柔性软风管安装,按图示管道中心线长度以"m"为计量单位。柔性软风管阀门安装以"个"为计量单位。

（7）软管（帆布接口）制作安装,按图示尺寸以"m²"为计量单位。

（8）风管检查孔质量,按国标通风部件标准质量计算。

（9）风管测定孔制作安装,按其型号以"个"为计量单位。

（10）薄钢板通风管道、净化通风管道、玻璃钢通风管道、复合型材料通风管道的制作安装中,已包括法兰、加固框和吊托支架,不得另行计算。

(11)不锈钢通风管道、铝板通风管道的制作安装中,不包括法兰和吊托支架,可按相应定额以"kg"为计量单位另行计算。

(12)塑料通风管道制作安装,不包括吊托支架,可按相应定额以"kg"为计量单位另行计算。

7.2.2　新旧工程量计算规则对比

通风管道制作安装工程工程量清单项目及计算规则变化情况,见表 7-5。

表 7-5　通风管道制作安装工程

序号	"13 规范"项目名称、编码	"08 规范"项目名称、编码	变化情况
1	碳钢通风管道 (编码:030702001)	碳钢通风管道制作安装 (编码:030902001)	项目特征:变化 计量单位:不变 工程量计算规则:变化 工程内容:变化
2	净化通风管 (编码:030702002)	净化通风管制作安装 (编码:030902002)	项目特征:变化 计量单位:不变 工程量计算规则:变化 工程内容:变化
3	不锈钢板通风管道 (编码:030702003)	不锈钢板风管制作安装 (编码:030902003)	项目特征:变化 计量单位:不变 工程量计算规则:变化 工程内容:变化
4	铝板通风管道 (编码:030702004)	铝板通风管道制作安装 (编码:030902004)	项目特征:变化 计量单位:不变 工程量计算规则:变化 工程内容:变化
5	塑料通风管道 (编码:030702005)	塑料通风管道制作安装 (编码:030902005)	项目特征:变化 计量单位:不变 工程量计算规则:变化 工程内容:变化
6	玻璃钢通风管道 (编码:030702006)	玻璃钢通风管道 (编码:030902006)	项目特征:变化 计量单位:不变 工程量计算规则:变化 工程内容:变化
7	复合型风管 (编码:030702007)	复合型风管制作安装 (编码:030902007)	项目特征:变化 计量单位:不变 工程量计算规则:变化 工程内容:变化
8	柔性软风管 (编码:030702008)	柔性软风管 (编码:030902008)	项目特征:变化 计量单位:不变 工程量计算规则:变化 工程内容:变化
9	弯头导流叶片 (编码:030702009)	无	**新增**
10	风管检查孔 (编码:030702010)	无	**新增**
11	温度、风量测定孔 (编码:030702011)	无	**新增**

7.2.3 "13 规范"清单计价工程量计算规则

（1）通风管道制作安装（编码：030702）工程量清单项目设置及工程量计算规则见表 7-6。

（2）风管展开面积，不扣除检查孔、测定孔、送风口、吸风口等所占面积；风管长度一律以设计图示中心线长度为准（主管与支管以其中心线交点划分），包括弯头、三通、变径管、天圆地方等管件的长度，但不包括部件所占的长度。风管展开面积不包括风管、管口重叠部分面积。风管渐缩管：圆形风管按平均直径，矩形风管按平均周长。

（3）穿墙套管按展开面积计算，计入通风管道工程量中。

（4）通风管道的法兰垫料或封口材料，按图纸要求应在项目特征中描述。

（5）净化通风管的空气清洁度按 100000 级标准编制，净化通风管使用的型钢材料如要求镀锌时，工作内容应注明支架镀锌。

（6）弯头导流叶片数量，按设计图纸或规范要求计算。

（7）风管检查孔、温度测定孔、风量测定孔数量，按设计图纸或规范要求计算。

表 7-6　通风管道制作安装（编码：030702）

项目编码	项目名称	项目特征	计量单位	工程量计算规则	工作内容
030702001	碳钢通风管道	1. 名称 2. 材质 3. 形状 4. 规格 5. 板材厚度 6. 管件、法兰等附件及支架设计要求 7. 接口形式			1. 风管、管件、法兰、零件、支吊架制作、安装 2. 过跨风管落地支架制作、安装
030702002	净化通风管道			按设计图示内径尺寸以展开面积计算	
030702003	不锈钢板通风管道	1. 名称 2. 形状 3. 规格 4. 板材厚度 5. 管件、法兰等附件及支架设计要求 6. 接口形式	m²		1. 风管、管件、法兰、零件、支吊架制作、安装 2. 过跨风管落地支架制作、安装
030702004	铝板通风管道				
030702005	塑料通风管道				
030702006	玻璃钢通风管道	1. 名称 2. 形状 3. 规格 4. 板材厚度 5. 支架形式、材质 6. 接口形式		按设计图示外径尺寸以展开面积计算	1. 风管、管件安装 2. 支吊架制作、安装 3. 过跨风管落地支架制作、安装
030702007	复合型风管	1. 名称 2. 材质 3. 形状 4. 规格 5. 板材厚度 6. 接口形式 7. 支架形式、材质			

续表

项目编码	项目名称	项目特征	计量单位	工程量计算规则	工作内容
030702008	柔性软风管	1. 名称 2. 材质 3. 规格 4. 风管接头、支架形式、材质	1. m 2. 节	1. 以"m"计量,按设计图示中心线以长度计算 2. 以"节"计量,按设计图示数量计算	1. 风管安装 2. 风管接头安装 3. 支吊架制作、安装
030702009	弯头导流叶片	1. 名称 2. 材质 3. 规格 4. 形式	1. m² 2. 组	1. 以面积计量,按设计图示以展开面积平方米计算 2. 以"组"计量,按设计图示数量计算	1. 制作 2. 组装
030702010	风管检查孔	1. 名称 2. 材质 3. 规格	1. kg 2. 个	1. 以"kg"计量,按风管检查孔质量计算 2. 以"个"计量,按设计图示数量计算	1. 制作 2. 安装
030702011	温度、风量测定孔	1. 名称 2. 材质 3. 规格 4. 设计要求	个	按设计图示数量计算	1. 制作 2. 安装

7.3 通风管道部件制作安装工程

7.3.1 全统安装定额工程量计算规则

（1）标准部件的制作,按其成品质量,以"kg"为计量单位,根据设计型号、规格,按国际通风部件标准质量表计算质量,非标准部件按图示成品质量计算。部件的安装按图示规格尺寸（周长或直径）,以"个"为计量单位,分别执行相应定额。

（2）钢百叶窗及活动金属百叶风口的制作,以"m²"为计量单位,安装按规格尺寸以"个"为计量单位。

（3）风帽筝绳制作安装,按图示规格、长度,以"kg"为计量单位。

（4）风帽泛水制作安装,按图示展开面积以"m²"为计量单位。

（5）挡水板制作安装,按空调器断面面积计算。

（6）钢板密闭门制作安装,以"个"为计量单位。

（7）设备支架制作安装,按图示尺寸以"kg"为计量单位,执行《静置设备与工艺金属结构制作安装工程》定额相应项目和工程量计算规则。

（8）电加热器外壳制作安装,按图示尺寸以"kg"为计量单位。

（9）风机减震台座制作安装执行设备支架定额,定额内不包括减震器,应按设计规定另行计算。

（10）高、中、低效过滤器、净化工作台安装,以"台"为计量单位;风淋室安装按不同质量以"台"为计量单位。

（11）洁净室安装按质量计算,执行"分段组装式空调器"安装定额。

7.3.2 新旧工程量计算规则对比

通风管道部件制作安装工程工程量清单项目及计算规则变化情况,见表7-7。

表 7-7　通风管道部件制作安装工程

序号	"13 规范"项目名称、编码	"08 规范"项目名称、编码	变化情况
1	碳钢阀门 （编码:030703001）	碳钢调节阀制作安装 （编码:030903001）	项目特征:变化 计量单位:不变 工程量计算规则:变化 工程内容:变化
2	柔性软风管阀门 （编码:030703002）	柔性软风管阀门 （编码:030903002）	项目特征:变化 计量单位:不变 工程量计算规则:不变 工程内容:变化
3	铝蝶阀 （编码:030703003）	铝蝶阀 （编码:030903003）	项目特征:变化 计量单位:不变 工程量计算规则:不变 工程内容:变化
4	不锈钢蝶阀 （编码:030703004）	不锈钢蝶阀 （编码:030903004）	项目特征:变化 计量单位:不变 工程量计算规则:不变 工程内容:变化
5	塑料阀门 （编码:030703005）	塑料风管阀门制作安装 （编码:030903005）	项目特征:变化 计量单位:不变 工程量计算规则:不变 工程内容:变化
6	玻璃钢蝶阀 （编码:030703006）	玻璃钢蝶阀 （编码:030903006）	项目特征:变化 计量单位:不变 工程量计算规则:不变 工程内容:变化
7	碳钢风口、散流器、百叶窗 （编码:030703007）	碳钢风口、散流器制作安装 （百叶窗） （编码:030903007）	项目特征:变化 计量单位:不变 工程量计算规则:变化 工程内容:变化
8	不锈钢风口、散流器、百叶窗 （编码:030703008）	不锈钢风口、散流器制作安装 （百叶窗） （编码:030903008）	项目特征:变化 计量单位:不变 工程量计算规则:变化 工程内容:变化
9	塑料风口、散流器、百叶窗 （编码:030703009）	塑料风口、散流器制作安装 （百叶窗） （编码:030903009）	项目特征:变化 计量单位:不变 工程量计算规则:变化 工程内容:变化
10	玻璃钢风口 （编码:030703010）	玻璃钢风口 （编码:030903010）	项目特征:变化 计量单位:不变 工程量计算规则:变化 工程内容:不变
11	铝及铝合金风口、散流器 （编码:030703011）	铝及铝合金风口、散流器制作 安装 （编码:030903011）	项目特征:变化 计量单位:不变 工程量计算规则:不变 工程内容:变化
12	碳钢风帽 （编码:030703012）	碳钢风帽制作安装 （编码:030903012）	项目特征:变化 计量单位:不变 工程量计算规则:变化 工程内容:变化

续表

序号	"13规范"项目名称、编码	"08规范"项目名称、编码	变化情况
13	不锈钢风帽 （编码：030703013）	不锈钢风帽制作安装 （编码：030903013）	项目特征：**变化** 计量单位：**不变** 工程量计算规则：**变化** 工程内容：**变化**
14	塑料风帽 （编码：030703014）	塑料风帽制作安装 （编码：030903014）	项目特征：**变化** 计量单位：**不变** 工程量计算规则：**变化** 工程内容：**变化**
15	铝板伞形风帽 （编码：030703015）	铝板伞形风帽制作安装 （编码：030903015）	项目特征：**变化** 计量单位：**不变** 工程量计算规则：**变化** 工程内容：**变化**
16	玻璃钢风帽 （编码：030703016）	玻璃钢风帽安装 （编码：030903016）	项目特征：**变化** 计量单位：**不变** 工程量计算规则：**变化** 工程内容：**变化**
17	碳钢罩类 （编码：030703017）	碳钢罩类制作安装 （编码：030903017）	项目特征：**变化** 计量单位：**不变** 工程量计算规则：**变化** 工程内容：**变化**
18	塑料罩类 （编码：030703018）	塑料罩类制作安装 （编码：030903018）	项目特征：**变化** 计量单位：**变化** 工程量计算规则：**变化** 工程内容：**变化**
19	柔性接口 （编码：030703019）	柔性接口及伸缩节制作安装 （编码：030903019）	项目特征：**变化** 计量单位：**不变** 工程量计算规则：**变化** 工程内容：**变化**
20	消声器 （编码：030703020）	消声器制作安装 （编码：030903020）	项目特征：**变化** 计量单位：**变化** 工程量计算规则：**变化** 工程内容：**变化**
21	静压箱 （编码：030703021）	静压箱制作安装 （编码：030903021）	项目特征：**变化** 计量单位：**变化** 工程量计算规则：**变化** 工程内容：**变化**
22	人防超压自动排气阀 （编码：030703022）	无	**新增**
23	人防手动密闭阀 （编码：030703023）	无	**新增**
24	人防其他部件 （编码：030703024）	无	**新增**

7.3.3 "13规范"清单计价工程量计算规则

通风管道部件制作安装（编码：030703）工程量清单项目设置及工程量计算规则，见表7-8。

表7-8　通风管道部件制作安装（编码:030703）

项目编码	项目名称	项目特征	计量单位	工程量计算规则	工作内容
030703001	碳钢阀门	1. 名称 2. 型号 3. 规格 4. 质量 5. 类型 6. 支架形式、材质			1. 阀体制作 2. 阀体安装 3. 支吊架制作、安装
030703002	柔性软风管阀门	1. 名称 2. 规格 3. 材质 4. 类型			阀体安装
030703003	铝蝶阀	1. 名称 2. 规格 3. 质量 4. 类型			
030703004	不锈钢蝶阀				
030703005	塑料阀门	1. 名称 2. 型号 3. 规格 4. 类型			
030703006	玻璃钢蝶阀				
030703007	碳钢风口、散流器、百叶窗	1. 名称 2. 型号 3. 规格 4. 质量 5. 类型 6. 形式	个	按设计图示数量计算	1. 风口制作、安装 2. 散流器制作、安装 3. 百叶窗安装
030703008	不锈钢风口、散流器、百叶窗				
030703009	塑料风口、散流器、百叶窗				
030703010	玻璃钢风口	1. 名称 2. 型号 3. 规格 4. 类型 5. 形式			风口安装
030703011	铝及铝合金风口、散流器				1. 风口制作、安装 2. 散流器制作、安装
030703012	碳钢风帽	1. 名称 2. 规格 3. 质量 4. 类型 5. 形式 6. 风帽筝绳、泛水设计要求			1. 风帽制作、安装 2. 筒形风帽滴水盘制作、安装 3. 风帽筝绳制作、安装 4. 风帽泛水制作、安装
030703013	不锈钢风帽				
030703014	塑料风帽				
030703015	铝板伞形风帽				1. 板伞形风帽制作、安装 2. 风帽筝绳制作、安装 3. 风帽泛水制作、安装
030703016	玻璃钢风帽	1. 名称 2. 规格 3. 质量 4. 类型 5. 形式 6. 风帽筝绳、泛水设计要求			1. 玻璃钢风帽安装 2. 筒形风帽滴水盘安装 3. 风帽筝绳安装 4. 风帽泛水安装

续表

项目编码	项目名称	项目特征	计量单位	工程量计算规则	工作内容
030703017	碳钢罩类	1. 名称 2. 型号 3. 规格 4. 质量 5. 类型 6. 形式	个	按设计图示数量计算	1. 罩类制作 2. 罩类安装
030703018	塑料罩类				
030703019	柔性接口	1. 名称 2. 规格 3. 材质 4. 类型 5. 形式	m^2	按设计图示尺寸以展开面积计算	1. 柔性接口制作 2. 柔性接口安装
030703020	消声器	1. 名称 2. 规格 3. 材质 4. 形式 5. 质量 6. 支架形式、材质	个	按设计图示数量计算	1. 消声器制作 2. 消声器安装 3. 支架制作安装
030703021	静压箱	1. 名称 2. 规格 3. 形式 4. 材质 5. 支架形式、材质	1. 个 2. m^2	1. 以个计量，按设计图示数量计算 2. 以平方米计量，按设计图示尺寸以展开面积计算	1. 静压箱制作、安装 2. 支架制作、安装
030703022	人防超压自动排气阀	1. 名称 2. 型号 3. 规格 4. 类型	个	按设计图示数量计算	安装
030703023	人防手动密闭阀	1. 名称 2. 型号 3. 规格 4. 支架形式、材质			1. 密闭阀安装 2. 支架制作、安装
030703024	人防其他部件	1. 名称 2. 型号 3. 规格 4. 类型	个（套）	按设计图示数量计算	安装

151

第8章 建筑智能化工程工程量计算规则

8.1 计算机应用、网络系统工程

8.1.1 全统安装定额工程量计算规则

（1）计算机网络终端和附属设备安装，以"台"计算。

（2）网络系统设备、软件安装、调试，以"台（套）"计算。

（3）局域网交换机系统功能调试，以"个"计算。

（4）网络调试、系统试运行、验收测试，以"系统"计算。

8.1.2 新旧工程量计算规则对比

计算机应用、网络系统工程工程量清单项目及计算规则变化情况，见表8-1。

表8-1 计算机应用、网络系统工程

序号	"13规范"项目名称、编码	"08规范"项目名称、编码	变化情况
1	输入设备 （编码:030501001）	无	**新增**
2	输出设备 （编码:030501002）	无	**新增**
3	控制设备 （编码:030501003）	无	**新增**
4	存储设备 （编码:030501004）	无	**新增**
5	插箱、机柜 （编码:030501005）	无	**新增**
6	互联电缆 （编码:030501006）	无	**新增**
7	接口卡 （编码:030501007）	接口卡 （编码:031202004）	项目特征:**不变** 计量单位:**不变** 工程量计算规则:**不变** 工程内容:**变化**
8	集线器 （编码:030501008）	网络集线器 （编码:031202005）	项目特征:**不变** 计量单位:**不变** 工程量计算规则:**不变** 工程内容:**变化**
9	路由器 （编码:030501009）	路由器 （编码:031202007）	项目特征:**变化** 计量单位:**不变** 工程量计算规则:**不变** 工程内容:**变化**

序号	"13 规范"项目名称、编码	"08 规范"项目名称、编码	变化情况
10	收发器 （编码:030501010）	无	**新增**
11	防火墙 （编码:030501011）	防火墙 （编码:031202008）	项目特征:**变化** 计量单位:**不变** 工程量计算规则:**不变** 工程内容:**变化**
12	交换机 （编码:030501012）	局域网交换机 （编码:031202006）	项目特征:**变化** 计量单位:**不变** 工程量计算规则:**不变** 工程内容:**变化**
13	网络服务器 （编码:030501013）	无	**新增**
14	计算机应用、网络系统接地 （编码:030501014）	无	**新增**
15	计算机应用、网络系统系统联调 （编码:030501015）	网络调试及试运行 （编码:031202011）	项目特征:**变化** 计量单位:**不变** 工程量计算规则:**不变** 工程内容:**变化**
16	计算机应用、网络系统试运行 （编码:030501016）		
17	软件 （编码:030501017）	服务器系统软件 （编码:031202010）	项目特征:**变化** 计量单位:**不变** 工程量计算规则:**不变** 工程内容:**变化**

8.1.3　"13 规范"清单计价工程量计算规则

计算机应用、网络系统工程（编码:030501）工程量清单项目设置及工程量计算规则，见表 8-2。

表 8-2　计算机应用、网络系统工程（编码:030501）

项目编码	项目名称	项目特征	计量单位	工程量计算规则	工作内容
030501001	输入设备	1. 名称 2. 类别 3. 规格 4. 安装方式	台	按设计图示数量计算	1. 本体安装 2. 单体调试
030501002	输出设备				
030501003	控制设备	1. 名称 2. 类别 3. 路数 4. 规格			
030501004	存储设备	1. 名称 2. 类别 3. 规格 4. 容量 5. 通道数			
030501005	插箱、机柜	1. 名称 2. 类别 3. 规格			1. 本体安装 2. 接电源线、保护地线、功能地线

项目编码	项目名称	项目特征	计量单位	工程量计算规则	工作内容
030501006	互联电缆	1. 名称 2. 类别 3. 规格	条		制作、安装
030501007	接口卡	1. 名称 2. 类别 3. 传输数率			
030501008	集线器	1. 名称 2. 类别 3. 堆叠单元量			1. 本体安装 2. 单体调试
030501009	路由器	1. 名称			
030501010	收发器	2. 类别 3. 规格	台(套)		
030501011	防火墙	4. 功能			
030501012	交换机	1. 名称 2. 功能 3. 层数		按设计图示数量计算	
030501013	网络服务器	1. 名称 2. 类别 3. 规格			1. 本体安装 2. 插件安装 3. 接信号线、电源线、地线
030501014	计算机应用、网络系统接地	1. 名称 2. 类别 3. 规格			1. 安装焊接 2. 检测
030501015	计算机应用、网络系统系统联调	1. 名称 2. 类别 3. 用户数	系统		系统调试
030501016	计算机应用、网络系统试运行				试运行
030501017	软件	1. 名称 2. 类别 3. 规格 4. 容量	套		1. 安装 2. 调试 3. 试运行

8.2 综合布线系统工程

8.2.1 全统安装定额工程量计算规则

(1)双绞线缆、光缆、漏泄同轴电缆、电话线和广播线敷设、穿放、明布放以"m"计算。电缆敷设按单根延长米计算,如一个架上敷设3根各长100m的电缆,应按300m计算,以此类推。电缆附加及预留的长度是电缆敷设长度的组成部分,应计入电缆长度工程量之内。电缆进入建筑物预留长度2m;电缆进入沟内或吊架上引上(下)预留1.5m;电缆中间接头盒,预留长度两端各留2m。

（2）制作跳线以"条"计算，卡接双绞线缆以"对"计算，跳线架、配线架安装以"条"计算。

（3）安装各类信息插座、过线（路）盒、信息插座底盒（接线盒）、光缆终端盒和跳块打接以"个"计算。

（4）双绞线缆测试、以"链路"或"信息点"计算，光纤测试以"链路"或"芯"计算。

（5）光纤连接以"芯"（磨制法以"端口"）计算。

（6）布放尾纤以"根"计算。

（7）室外架设架空光缆以"m"计算。

（8）光缆接续以"头"计算。

（9）制作光缆成端接头以"套"计算。

（10）安装漏泄同轴电缆接头以"个"计算。

（11）成套电话组线箱、机柜、机架、抗震底座安装以"台"计算。

（12）安装电话出线口、中途箱、电话电缆架空引入装置以"个"计算。

8.2.2　新旧工程量计算规则对比

综合布线系统工程工程量清单项目及计算规则变化情况，见表8-3。

表8-3　综合布线系统工程

序号	"13规范"项目名称、编码	"08规范"项目名称、编码	变化情况
1	机柜、机架 （编码:030502001）	落地式机柜、机架 （编码:031103013）	项目特征:变化 计量单位:变化 工程量计算规则:不变 工程内容:变化
		墙挂式机柜、机架 （编码:031103014）	
2	抗震底座 （编码:030502002）	抗震底座 （编码:031103016）	项目特征:变化 计量单位:不变 工程量计算规则:不变 工程内容:变化
3	分线接线箱（盒） （编码:030502003）	接线箱 （编码:031103015）	项目特征:变化 计量单位:不变 工程量计算规则:不变 工程内容:变化
4	电视、电话插座 （编码:030502004）	无	**新增**
5	双绞线缆 （编码:030502005）	无	**新增**
6	大对数电缆 （编码:030502006）	大对数非屏蔽电缆 （编码:031103018）	项目特征:变化 计量单位:不变 工程量计算规则:不变 工程内容:变化
		大对数屏蔽电缆 （编码:031103019）	
7	光缆 （编码:030502007）	光缆 （编码:031103020）	项目特征:变化 计量单位:不变 工程量计算规则:不变 工程内容:变化
8	光纤束、光缆外护套 （编码:030502008）	光缆护套 （编码:031103021）	项目特征:变化 计量单位:不变 工程量计算规则:不变 工程内容:变化
		光纤束 （编码:031103022）	

序号	"13 规范"项目名称、编码	"08 规范"项目名称、编码	变化情况
9	跳线 （编码:030502009）	电缆跳线 （编码:031103031） 光纤跳线 （编码:031103032）	项目特征:变化 计量单位:不变 工程量计算规则:不变 工程内容:变化
10	配线架 （编码:030502010）	无	**新增**
11	跳线架 （编码:030502011）	无	**新增**
12	信息插座 （编码:030502012）	单口非屏蔽八位模块式信息插座 （编码:031103023） 单口屏蔽八位模块式信息插座 （编码:031103024） 双口非屏蔽八位模块式信息插座 （编码:031103025） 双口屏蔽八位模块式信息插座 （编码:031103026） 双口光纤信息插座 （编码:031103027） 四口光纤信息插座 （编码:031103028）	项目特征:变化 计量单位:变化 工程量计算规则:不变 工程内容:变化
13	光纤盒 （编码:030502013）	光纤连接盘 （编码:031103029）	项目特征:变化 计量单位:变化 工程量计算规则:不变 工程内容:变化
14	光纤连接 （编码:030502014）	光纤连接 （编码:031103030）	项目特征:不变 计量单位:变化 工程量计算规则:不变 工程内容:不变
15	光缆终端盒 （编码:030502015）	无	**新增**
16	布放尾纤 （编码:030502016）	无	**新增**
17	线管理器 （编码:030502017）	无	**新增**
18	跳块 （编码:030502018）	无	**新增**
19	双绞线缆测试 （编码:030502019）	电缆链路系统测试 （编码:031103033）	项目特征:不变 计量单位:变化 工程量计算规则:不变 工程内容:不变
20	光纤测试 （编码:030502020）	光纤链路系统测试 （编码:031103034）	项目特征:不变 计量单位:变化 工程量计算规则:不变 工程内容:不变

8.2.3 "13 规范"清单计价工程量计算规则

综合布线系统工程(编码:030502)工程量清单项目设置及工程量计算规则,见表 8-4。

表 8-4 综合布线系统工程(编码:030502)

项目编码	项目名称	项目特征	计量单位	工程量计算规则	工作内容
030502001	机柜、机架	1. 名称 2. 材质 3. 规格 4. 安装方式	台	按设计图示数量计算	1. 本体安装 2. 相关固定件的连接
030502002	抗震底座		个		1. 本体安装 2. 底盒安装
030502003	分线接线箱(盒)				
030502004	电视、电话插座	1. 名称 2. 安装方式 3. 底盒材质、规格			
030502005	双绞线缆	1. 名称 2. 规格 3. 线缆对数 4. 敷设方式	m	按设计图示尺寸以长度计算	1. 敷设 2. 标记 3. 卡接
030502006	大对数电缆				
030502007	光缆				
030502008	光纤束、光缆外护套	1. 名称 2. 规格 3. 安装方式			1. 气流吹放 2. 标记
030502009	跳线	1. 名称 2. 类别 3. 规格	条	按设计图示数量计算	1. 插接跳线 2. 整理跳线
030502010	配线架	1. 名称 2. 规格 3. 容量			安装、打接
030502011	跳线架				
030502012	信息插座	1. 名称 2. 类别 3. 规格 4. 安装方式 5. 底盒材质、规格	个(块)		1. 终端模块 2. 安装面板
030502013	光纤盒	1. 名称 2. 类别 3. 规格 4. 安装方式			
030502014	光纤连接	1. 方法 2. 模式	芯(端口)		1. 连续 2. 测试
030502015	光缆终端盒	光缆芯数	个		
030502016	布放尾纤	1. 名称 2. 规格 3. 安装方式	根		本体安装
030502017	线管理器		个		
030502018	跳块				安装、卡接
030502019	双绞线缆测试	1. 测试类别 2. 测试内容	链路(点、芯)		测试
030502020	光纤测试				

8.3 建筑设备自动化系统工程

8.3.1 全统安装定额工程量计算规则

1. 通讯系统设备安装工程

(1)铁塔架设,以"t"计算。

(2)天线安装、调试,以"副"(天线加边加罩以"面")计算。

(3)馈线安装、调试,以"条"计算。

(4)微波无线接入系统基站设备、用户站设备安装、调试,以"台"计算。

(5)微波无线接入系统联调,以"站"计算。

(6)卫星通信甚小口径地面站(VSAT)中心站设备安装、调试,以"台"计算。

(7)卫星通信甚小口径地面站(VSAT)端站设备安装、调试、中心站站内环测及全网系统对测,以"站"计算。

(8)移动通信天馈系统中安装、调试、直放站设备、基站系统调试以及全系统联网调试,以"站"计算。

(9)光纤数字传输设备安装、调试以"端"计算。

(10)程控交换机安装、调试以"部"计算。

(11)程控交换机中继线调试以"路"计算。

(12)会议电话、电视系统设备安装、调试以"台"计算。

(13)会议电话、电视系统联网测试以"系统"计算。

2. 建筑设备监控系统安装工程

(1)基表及控制设备、第三方设备通信接口安装、抄表采集系统安装与调试,以"个"计算。

(2)中心管理系统调试、控制网络通信设备安装、控制器安装、流量计安装与调试,以"台"计算。

(3)楼宇自控中央管理系统安装、调试,以"系统"计算。

(4)楼宇自控用户软件安装、调试,以"套"计算。

(5)温(湿)度传感器、压力传感器、电量变送器和其他传感器及变送器,以"支"计算。

(6)阀门及电动执行机构安装、调试,以"个"计算。

8.3.2 新旧工程量计算规则对比

建筑设备自动化系统工程工程量清单项目及计算规则变化情况,见表8-5。

表8-5 建筑设备自动化系统工程

序号	"13规范"项目名称、编码	"08规范"项目名称、编码	变化情况
1	中央管理系统 (编码:030503001)	中央管理系统 (编码:031204001)	项目特征:变化 计量单位:变化 工程量计算规则:不变 工程内容:变化
2	通讯网络控制设备 (编码:030503002)	控制网络通讯设备 (编码:031204002)	项目特征:变化 计量单位:变化 工程量计算规则:不变 工程内容:变化

续表

序号	"13 规范"项目名称、编码	"08 规范"项目名称、编码	变化情况
3	控制器 （编码:030503003）	控制器 （编码:031204003）	项目特征:**不变** 计量单位:**变化** 工程量计算规则:**不变** 工程内容:**变化**
4	控制箱 （编码:030503004）	无	**新增**
5	第三方通讯设备接口 （编码:030503005）	第三方设备通讯接口 （编码:031204004）	项目特征:**变化** 计量单位:**变化** 工程量计算规则:**不变** 工程内容:**变化**
6	传感器 （编码:030503006）	空调系统传感器及变送器 （编码:031204005） 照明及变电配电系统 传感器及变送器 （编码:031204006） 给排水系统传感器及变送器 （编码:031204007）	项目特征:**变化** 计量单位:**不变** 工程量计算规则:**不变** 工程内容:**变化**
7	电动调节阀执行机构 （编码:030503007）	阀门及执行机构 （编码:031204008）	项目特征:**变化** 计量单位:**变化** 工程量计算规则:**不变** 工程内容:**变化**
8	电动、电磁阀门 （编码:030503008）		
9	建筑设备自控化系统调试 （编码:030503009）	无	**新增**
10	建筑设备自控化系统试运行 （编码:030503010）	无	**新增**

8.3.3　"13 规范"清单计价工程量计算规则

建筑设备自动化系统工程（编码:030503）工程量清单项目设置及工程量计算规则，见表 8-6。

表 8-6　建筑设备自动化系统工程（编码:030503）

项目编码	项目名称	项目特征	计量单位	工程量计算规则	工作内容
030503001	中央管理系统	1. 名称 2. 类别 3. 功能 4. 控制点数量	系统（套）	按设计图示数量计算	1. 本体组装、连接 2. 系统软件安装 3. 单体调整 4. 系统联调 5. 接地
030503002	通讯网络控制设备	1. 名称 2. 类别 3. 规格	台（套）		1. 本体安装 2. 软件安装 3. 单体调试 4. 联调联试 5. 接地
030503003	控制器	1. 名称 2. 类别 3. 功能 4. 控制点数量			

项目编码	项目名称	项目特征	计量单位	工程量计算规则	工作内容
030503004	控制箱	1. 名称 2. 类别 3. 功能 4. 控制器、控制模块规格、体积 5. 控制器、控制模块数量	台(套)	按设计图示数量计算	1. 本体安装、标识 2. 控制器、控制模块组装 3. 单体调整 4. 联调联试 5. 接地
030503005	第三方通信设备接口	1. 名称 2. 类别 3. 接口点数			1. 本体安装、连接 2. 接口软件安装调试 3. 单体调试 4. 联调联试
030503006	传感器	1. 名称 2. 类别 3. 功能 4. 规格	支(台)		1. 本体安装和连接 2. 通电检查 3. 单体调整测试 4. 系统联调
030503007	电动调节阀执行机构		个		1. 本体安装和连线 2. 单体测试
030503008	电动、电磁阀门				
030503009	建筑设备自控化系统调试	1. 名称 2. 类别 3. 功能 4. 控制点数量	台(户)		整体调试
030503010	建筑设备自控化系统试运行	名称	系统		试运行

建筑信息综合管理系统工程(编码:030504)工程量清单项目设置及工程量计算规则,见表8-7。

表8-7　建筑信息综合管理系统工程(编码:030504)

项目编码	项目名称	项目特征	计量单位	工程量计算规则	工作内容
030504001	服务器	1. 名称 2. 类别 3. 规格 4. 安装方式	台	按设计图示数量计算	安装调试
030504002	服务器显示设备				
030504003	通信接口输入输出设备		个		本体安装、调试
030504004	系统软件	1. 测试类别 2. 测试内容	套	按系统所需集成点数及图示数量计算	安装、调试
030504005	基础应用软件				
030504006	应用软件接口				
030504007	应用软件二次		项(点)		按系统点数进行二次软件开发和定制、进行调试
030504008	各系统联动试运行		系统		调试、试运行

8.4　有线电视、卫星接收系统工程

8.4.1　全统安装定额工程量计算规则

（1）电视共用天线安装、调试，以"副"计算。

（2）敷设天线电缆，以"m"计算。

（3）制作天线电缆接头，以"头"计算。

（4）电视墙安装、前端射频设备安装、调试，以"套"计算。

（5）卫星地面站接收设备、光端设备、有线电视系统管理设备、播控设备安装、调试，以"台"计算。

（6）干线设备、分配网络安装、调试，以"个"计算。

8.4.2　新旧工程量计算规则对比

有线电视、卫星接收系统工程工程量清单项目及计算规则变化情况，见表 8-8。

表 8-8　有线电视、卫星接收系统工程

序号	"13 规范"项目名称、编码	"08 规范"项目名称、编码	变化情况
1	共用天线 （编码：030505001）	电视共用天线 （编码：031205001）	项目特征：变化 计量单位：不变 工程量计算规则：不变 工程内容：变化
2	卫星电视天线、馈线系统 （编码：030505002）	无	新增
3	前端机柜 （编码：030505003）	前端机柜 （编码：031205002）	项目特征：变化 计量单位：不变 工程量计算规则：不变 工程内容：不变
4	电视墙 （编码：030505004）	电视墙 （编码：031205003）	项目特征：不变 计量单位：变化 工程量计算规则：不变 工程内容：不变
5	射频同轴电缆 （编码：030505005）	无	新增
6	同轴电缆接头 （编码：030505006）	无	新增
7	前端射频设备 （编码：030505007）	前端射频设备 （编码：031205004）	不变
8	卫星地面站接收设备 （编码：030505008）	微型地面站接收设备 （编码：031205005）	不变
9	光端设备安装、调试 （编码：030505009）	光端设备 （编码：031205006）	项目特征：变化 计量单位：不变 工程量计算规则：不变 工程内容：不变
10	有线电视系统管理设备 （编码：030505010）	有线电视系统管理设备 （编码：031205007）	不变

序号	"13规范"项目名称、编码	"08规范"项目名称、编码	变化情况
11	播控设备安装、调试 (编码:030505011)	播控设备 (编码:031205008)	项目特征:**不变** 计量单位:**不变** 工程量计算规则:**不变** 工程内容:**变化**
12	干线设备 (编码:030505012)	传输网络设备 (编码:031205009)	**不变**
13	分配网络 (编码:030505013)	分配网络设备 (编码:031205010)	项目特征:**变化** 计量单位:**不变** 工程量计算规则:**不变** 工程内容:**变化**
14	终端调试 (编码:030505014)	无	**新增**

8.4.3 "13规范"清单计价工程量计算规则

有线电视、卫星接收系统工程(编码:030505)工程量清单项目设置及工程量计算规则,见表8-9。

表8-9 有线电视、卫星接收系统工程(编码:030505)

项目编码	项目名称	项目特征	计量单位	工程量计算规则	工作内容
030505001	共用天线	1. 名称 2. 规格 3. 电视设备箱型号规格 4. 天线杆、基础种类	副	按设计图示数量计算	1. 电视设备箱安装 2. 天线杆基础安装 3. 天线杆安装 4. 天线安装
030505002	卫星电视天线、馈线系统	1. 名称 2. 规格 3. 地点 4. 楼高 5. 长度			安装、调测
030505003	前端机柜	1. 名称 2. 规格	个		1. 本体安装 2. 连接电源 3. 接地
030505004	电视墙	1. 名称 2. 监视器数量	套		1. 机架、监视器安装 2. 信号分配系统安装 3. 连接电源 4. 接地
030505005	射频同轴电缆	1. 名称 2. 规格 3. 敷设方式	m	按设计图示尺寸长度计算	线缆敷设
030505006	同轴电缆接头	1. 规格 2. 方式	个	按设计图示数量计算	电缆接头
030505007	前端射频设备	1. 名称 2. 类别 3. 频道数量	套		1. 本体安装 2. 单体调试

续表

项目编码	项目名称	项目特征	计量单位	工程量计算规则	工作内容
030505008	卫星地面站接收设备	1. 名称 2. 类别	台	按设计图示数量计算	1. 本体安装 2. 单体调试 3. 全站系统调试
030505009	光端设备安装、调试	1. 名称 2. 类别 3. 容量			1. 本体安装 2. 单体调试
030505010	有线电视系统管理设备	1. 名称 2. 类别			1. 本体安装 2. 系统调试
030505011	播控设备安装、调试	1. 名称 2. 功能 3. 规格			
030505012	干线设备	1. 名称 2. 功能 3. 安装位置	个		1. 本体安装 2. 电缆接头制作、布线 3. 单体调试
030505013	分配网络	1. 名称 2. 功能 3. 规格 4. 安装方式			
030505014	终端调试	1. 名称 2. 功能			调试

8.5　音频、视频系统工程

8.5.1　全统安装定额工程量计算规则

1. 音频系统工程

(1)扩声系统设备安装、调试,以"台"计算。

(2)扩声系统设备试运行,以"系统"计算。

(3)背景音乐系统设备安装、调试,以"台"计算。

(4)背景音乐系统联调、试运行,以"系统"计算。

2. 视频系统

(1)基表及控制设备、第三方设备通信接口安装、抄表采集系统安装与调试,以"个"计算。

(2)中心管理系统调试、控制网络通信设备安装、控制器安装、流量计安装与调试,以"台"计算。

(3)楼宇自控中央管理系统安装、调试,以"系统"计算。

(4)楼宇自控用户软件安装、调试,以"套"计算。

(5)温(湿)度传感器、压力传感器、电量变送器和其他传感器及变送器,以"支"计算。

(6)阀门及电动执行机构安装、调试,以"个"计算。

8.5.2　新旧工程量计算规则对比

音频、视频系统工程工程量清单项目及计算规则变化情况,见表8-10。

表 8-10　音频、视频系统工程

序号	"13规范"项目名称、编码	"08规范"项目名称、编码	变化情况
1	扩声系统设备 （编码:030506001）	扩声系统设备 （编码:031206001）	项目特征:变化 计量单位:不变 工程量计算规则:不变 工程内容:变化
2	扩声系统调试 （编码:030506002）	扩声系统 （编码:031206002）	项目特征:变化 计量单位:变化 工程量计算规则:不变 工程内容:变化
3	扩声系统试运行 （编码:030506003）		
4	背景音乐系统设备 （编码:030506004）	背景音乐系统设备 （编码:031206003）	项目特征:变化 计量单位:不变 工程量计算规则:不变 工程内容:变化
5	背景音乐系统调试 （编码:030506005）	背景音乐系统 （编码:031206004）	项目特征:变化 计量单位:变化 工程量计算规则:不变 工程内容:变化
6	背景音乐系统试运行 （编码:030506006）		
7	视频系统设备 （编码:030506007）	无	**新增**
8	视频系统调试 （编码:030506008）	无	**新增**

8.5.3　"13规范"清单计价工程量计算规则

音频、视频系统工程（编码:030506）工程量清单项目设置及工程量计算规则,见表 8-11。

表 8-11　音频、视频系统工程（编码:030506）

项目编码	项目名称	项目特征	计量单位	工程量计算规则	工作内容
030506001	扩声系统设备	1. 名称 2. 类别 3. 规格 4. 安装方式	台		1. 本体安装 2. 单体调试
030506002	扩声系统调试	1. 名称 2. 类别 3. 功能	只 （副、台、系统）		1. 设备连接构成系统 2. 调试、达标 3. 通过 DSP 实现多种功能
030506003	扩声系统试运行	1. 名称 2. 试运行时间	系统	按设计图示数量计算	试运行
030506004	背景音乐系统设备	1. 名称 2. 类别 3. 规格 4. 安装方式	台		1. 本体安装 2. 单体调试
030506005	背景音乐系统调试	1. 名称 2. 类别 3. 功能 4. 公共广播语言清晰度及相应声学特性指标要求	台 （系统）		1. 设备连接构成系统 2. 试听、调试 3. 系统试运行 4. 公共广播达到语言清晰度及相应声学特性指标

续表

项目编码	项目名称	项目特征	计量单位	工程量计算规则	工作内容
030506006	背景音乐系统试运行	1. 名称 2. 试运行时间	系统	按设计图示数量计算	试运行
030506007	视频系统设备	1. 名称 2. 类别 3. 规格 4. 功能、用途 5. 安装方式	台		1. 本体安装 2. 单体调试
030506008	视频系统调试	1. 名称 2. 类别 3. 功能	系统		1. 设备连接构成系统 2. 调试 3. 达到相应系统设计标准 4. 实现相应系统设计功能

8.6　安全防范系统工程

8.6.1　全统安装定额工程量计算规则

1. 停车场管理系统

（1）车辆检测识别设备、出入口设备、显示和信号设备、监控管理中心设备安装、调试，以"套"计算。

（2）分系统调试和全系统联调，以"系统"计算。

2. 楼宇安全防范系统

（1）入侵报警器（室内外、周界）设备安装工程，以"套"计算。

（2）出入口控制设备安装工程，以"台"计算。

（3）电视监控设备安装工程，以"台"（显示装置以"m^2"）计算。

（4）分系统调试、系统集成调试，以"系统"计算。

8.6.2　新旧工程量计算规则对比

安全防范系统工程工程量清单项目及计算规则变化情况，见表8-12。

表 8-12　安全防范系统工程

序号	"13 规范"项目名称、编码	"08 规范"项目名称、编码	变化情况
1	入侵探测设备 （编码：030507001）	入侵控制器 （编码：031208001）	项目特征：变化 计量单位：不变 工程量计算规则：不变 工程内容：不变
2	入侵报警控制器 （编码：030507002）	入侵报警控制器 （编码：031208002）	项目特征：变化 计量单位：不变 工程量计算规则：不变 工程内容：不变
3	入侵报警中心显示设备 （编码：030507003）	报警中心设备 （编码：031208001）	项目特征：变化 计量单位：不变 工程量计算规则：不变 工程内容：不变

序号	"13规范"项目名称、编码	"08规范"项目名称、编码	变化情况
4	入侵报警信号传输设备 （编码:030507004）	报警信号传输设备 （编码:031208004）	项目特征:变化 计量单位:不变 工程量计算规则:不变 工程内容:不变
5	出入口目标识别设备 （编码:030507005）	出入口目标识别设备 （编码:031208005）	项目特征:不变 计量单位:变化 工程量计算规则:不变 工程内容:变化
6	出入口控制设备 （编码:030507006）	出入口控制设备 （编码:031208006）	项目特征:不变 计量单位:不变 工程量计算规则:不变 工程内容:变化
7	出入口执行机构设备 （编码:030507007）	出入口执行机构设备 （编码:031208007）	项目特征:变化 计量单位:不变 工程量计算规则:不变 工程内容:变化
8	监控摄像设备 （编码:030507008）	电视监控摄像设备 （编码:031208008）	项目特征:变化 计量单位:不变 工程量计算规则:不变 工程内容:变化
9	视频控制设备 （编码:030507009）	视频控制设备 （编码:031208009）	项目特征:变化 计量单位:变化 工程量计算规则:不变 工程内容:变化
10	音频、视频及脉冲分配器 （编码:030507010）	音频、视频及脉冲分配器 （编码:031208011）	项目特征:变化 计量单位:变化 工程量计算规则:不变 工程内容:变化
11	视频补偿器 （编码:030507011）	视频补偿器 （编码:031208012）	项目特征:不变 计量单位:变化 工程量计算规则:不变 工程内容:变化
12	视频传输设备 （编码:030507012）	视频传输设备 （编码:031208013）	项目特征:变化 计量单位:变化 工程量计算规则:不变 工程内容:变化
13	录像设备 （编码:030507013）	录像、记录设备 （编码:031208014）	项目特征:变化 计量单位:变化 工程量计算规则:不变 工程内容:变化
14	显示设备 （编码:030507014）	显示和信号设备 （编码:031207003）	项目特征:不变 计量单位:变化 工程量计算规则:不变 工程内容:不变
15	安全检查设备 （编码:030507015）	无	**新增**

续表

序号	"13规范"项目名称、编码	"08规范"项目名称、编码	变化情况
16	停车场管理设备 （编码:030507016）	车辆检测识别设备 （编码:031207001）	项目特征:**变化** 计量单位:**变化** 工程量计算规则:**不变** 工程内容:**变化**
		出入口设备 （编码:031207002）	
		监控管理中心设备 （编码:031207004）	
17	安全防范分系统调试 （编码:030507017）	安全防范系统 （编码:031208018）	项目特征:**变化** 计量单位:**变化** 工程量计算规则:**变化** 工程内容:**变化**
18	安全防范全系统调试 （编码:030507018）		
19	安全防范系统工程试运行 （编码:030507019）		

8.6.3 "13规范"清单计价工程量计算规则

安全防范系统工程（编码:030507）工程量清单项目设置及工程量计算规则,见表8-13。

表8-13 安全防范系统工程（编码:030507）

项目编码	项目名称	项目特征	计量单位	工程量计算规则	工作内容
030507001	入侵探测设备	1. 名称 2. 类别 3. 探测范围 4. 安装方式	套	按设计图示数量计算	1. 本体安装 2. 单体调试
030507002	入侵报警控制器	1. 名称 2. 类别 3. 路数 4. 安装方式			
030507003	入侵报警中心显示设备	1. 名称 2. 类别 3. 安装方式			
030507004	入侵报警信号传输设备	1. 名称 2. 类别 3. 功率 4. 安装方式			
030507005	出入口目标识别设备	1. 名称 2. 规格	台		
030507006	出入口控制设备				
030507007	出入口执行机构设备	1. 名称 2. 类别 3. 规格			
030507008	监控摄像设备	1. 名称 2. 类别 3. 安装方式			
030507009	视频控制设备	1. 名称 2. 类别 3. 路数 4. 安装方式	台（套）		
030507010	音频、视频及脉冲分配器				

续表

项目编码	项目名称	项目特征	计量单位	工程量计算规则	工作内容
030507011	视频补偿器	1. 名称 2. 通道量	台(套)	按设计图示数量计算	1. 本体安装 2. 单体调试
030507012	视频传输设备	1. 名称 2. 类别 3. 规格			
030507013	录像设备	1. 名称 2. 类别 3. 规格 4. 存储容量、格式			
030507014	显示设备	1. 名称 2. 类别 3. 规格	1. 台 2. m²		
030507015	安全检查设备	1. 名称 2. 规格 3. 类别 4. 程式 5. 通道数	台(套)	1. 以台计量,按设计图示数量计算 2. 以"m²"计量,按设计图示面积计算	
030507016	停车场管理设备	1. 名称 2. 类别 3. 规格			
030507017	安全防范分系统调试	1. 名称 2. 类别 3. 通道数	系统	按设计内容	各分系统调试
030507018	安全防范全系统调试	系统内容			1. 各分系统的联动、参数设置 2. 全系统联调
030507019	安全防范系统工程试运行	1. 名称 2. 类别			系统试运行

第9章　工业管道工程工程量计算规则

9.1　管　　道

9.1.1　全统安装定额工程量计算规则

1. 低压管道

（1）管道安装按材质、焊接形式分别列项，以"m"为计量单位。

（2）管道安装不包括管件连接内容，其工程量可按设计用量执行相关标准。

（3）各种管道安装工程量，均按设计管道中心长度，以"延长米"计算，不扣除阀门及各种管件所占长度。

（4）衬里钢管预制安装，管件按成品，弯头两端按接短管焊法兰考虑，消耗量定额中包括了直管、管件、法兰全部安装工作内容（二次安装、一次拆除），但不包括衬里及场外运输。

（5）有缝钢管螺纹连接项目已包括封头、补芯安装内容。

（6）伴热管项目已包括煨弯工序内容。

（7）加热套管安装按内、外管分别计算工程量，执行相应消耗量定额项目。

2. 中压管道

（1）管道安装按材质、焊接形式分别列项，以"m"为计量单位。

（2）管道安装不包括管件连接内容，其工程量可按设计用量执行《全国统一安装工程预算定额—第六册　工业管道工程》中 C.6.5 中压管件连接项目。

（3）各种管道安装工程量，均按设计管道中心长度，以"延长米"计算，不扣除阀门及各种管件所占长度。

3. 高压管道

（1）管道安装按材质、焊接形式分别列项，以"m"为计量单位。

（2）管道安装不包括管件连接内容，其工程量可按设计用量执行本册消耗量定额 C.6.6 高压管件连接项目。

（3）各种管道安装工程量，均按设计管道中心长度，以"延长米"计算，不扣除阀门及各种管件所占长度。管道安装按材质、焊接形式分别列项，以"m"为计量单位。

（4）管道安装不包括管件连接内容，其工程量可按设计用量执行《全国统一安装工程预算定额—第六册　工业管道工程》中 C.6.6 高压管件连接项目。

（5）各种管道安装工程量，均按设计管道中心长度，以"延长米"计算，不扣除阀门及各种管件所占长度。

9.1.2　新旧工程量计算规则对比

管道工程工程量清单项目及计算规则变化情况，见表9-1。

表 9-1　管道工程

序号	"13 规范"项目名称、编码	"08 规范"项目名称、编码	变化情况
		低压管道	
1	低压碳钢管 （编码:030801001）	低压碳钢管 （编码:030601004）	项目特征:变化 计量单位:不变 工程量计算规则:变化 工程内容:变化
2	低压碳钢伴热管 （编码:030801002）	低压碳钢伴热管 （编码:030601002）	项目特征:变化 计量单位:不变 工程量计算规则:变化 工程内容:变化
3	衬里钢管预制安装 （编码:030801003）	衬里钢管预制安装 （编码:030601014）	项目特征:变化 计量单位:不变 工程量计算规则:变化 工程内容:变化
4	低压不锈钢伴热管 （编码:030801004）	低压不锈钢伴热管 （编码:030601003）	项目特征:变化 计量单位:不变 工程量计算规则:变化 工程内容:变化
5	低压碳钢板卷管 （编码:030801005）	低压碳钢板卷管 （编码:030601005）	项目特征:变化 计量单位:不变 工程量计算规则:变化 工程内容:变化
6	低压不锈钢管 （编码:030801006）	低压不锈钢管 （编码:030601006）	项目特征:变化 计量单位:不变 工程量计算规则:变化 工程内容:变化
7	低压不锈钢板卷管 （编码:030801007）	低压不锈钢板卷管 （编码:030601007）	项目特征:变化 计量单位:不变 工程量计算规则:变化 工程内容:变化
8	低压合金钢管 （编码:030801008）	低压合金钢管 （编码:030601012）	项目特征:变化 计量单位:不变 工程量计算规则:变化 工程内容:变化
9	低压钛及钛合金管 （编码:030801009）	低压钛及钛合金管 （编码:030601013）	项目特征:变化 计量单位:不变 工程量计算规则:变化 工程内容:变化
10	低压镍及镍合金管 （编码:030801010）	无	**新增**
11	低压锆及锆合金管 （编码:030801011）	无	**新增**
12	低压铝及铝合金管 （编码:030801012）	低压铝管 （编码:030601008）	项目特征:变化 计量单位:不变 工程量计算规则:变化 工程内容:变化
13	低压铝及铝合金板卷管 （编码:030801013）	低压铝板卷管 （编码:030601009）	项目特征:变化 计量单位:不变 工程量计算规则:变化 工程内容:变化

续表

序号	"13 规范"项目名称、编码	"08 规范"项目名称、编码	变化情况
14	低压铜及铜合金管 （编码：030801014）	低压铜管 （编码：030601010）	项目特征：变化 计量单位：不变 工程量计算规则：变化 工程内容：变化
15	低压铜及铜合金板卷管 （编码：030801015）	低压铜板卷管 （编码：030601011）	项目特征：变化 计量单位：不变 工程量计算规则：变化 工程内容：变化
16	低压塑料管 （编码：030801016）	低压塑料管 （编码：030601015）	项目特征：变化 计量单位：不变 工程量计算规则：变化 工程内容：变化
17	金属骨架复合管 （编码：030801017）	钢骨架复合管 （编码：030601016）	项目特征：变化 计量单位：不变 工程量计算规则：变化 工程内容：变化
18	低压玻璃钢管 （编码：030801018）	低压玻璃钢管 （编码：030601017）	项目特征：变化 计量单位：不变 工程量计算规则：变化 工程内容：变化
19	低压铸铁管 （编码：030801019）	低压法兰铸铁管 （编码：030601018）	项目特征：变化 计量单位：不变 工程量计算规则：变化 工程内容：变化
20	低压预应力混凝土管 （编码：030801020）	低压预应力混凝土管 （编码：030601020）	项目特征：变化 计量单位：不变 工程量计算规则：变化 工程内容：变化
中压管道			
1	中压碳钢管 （编码：030802001）	中压碳钢管 （编码：030602002）	项目特征：变化 计量单位：不变 工程量计算规则：变化 工程内容：变化
2	中压螺旋卷管 （编码：030802002）	中压螺旋卷管 （编码：030602003）	项目特征：变化 计量单位：不变 工程量计算规则：变化 工程内容：变化
3	中压不锈钢管 （编码：030802003）	中压不锈钢管 （编码：030602004）	项目特征：变化 计量单位：不变 工程量计算规则：变化 工程内容：变化
4	中压合金钢管 （编码：030802004）	中压合金钢管 （编码：030602005）	项目特征：变化 计量单位：不变 工程量计算规则：变化 工程内容：变化
5	中压铜及铜合金管 （编码：030802005）	中压铜管 （编码：030602006）	项目特征：变化 计量单位：不变 工程量计算规则：变化 工程内容：变化

续表

序号	"13 规范"项目名称、编码	"08 规范"项目名称、编码	变化情况
6	中压钛及钛合金管 （编码：030802006）	中压钛及钛合金管 （编码：030602007）	项目特征：**变化** 计量单位：**不变** 工程量计算规则：**变化** 工程内容：**变化**
7	中压锆及锆合金管 （编码：030802007）	无	**新增**
8	中压镍及镍合金管 （编码：030802008）	无	**新增**
		高压管道	
1	高压碳钢管 （编码：030803001）	高压碳钢管 （编码：030603001）	项目特征：**变化** 计量单位：**不变** 工程量计算规则：**变化** 工程内容：**变化**
2	高压合金钢管 （编码：030803002）	高压合金钢管 （编码：030603002）	项目特征：**变化** 计量单位：**不变** 工程量计算规则：**变化** 工程内容：**变化**
3	高压不锈钢管 （编码：030803003）	高压不锈钢管 （编码：030603003）	项目特征：**变化** 计量单位：**不变** 工程量计算规则：**变化** 工程内容：**变化**

9.1.3 "13 规范"清单计价工程量计算规则

（1）低压管道（编码：030801）工程量清单项目设置及工程量计算规则，见表 9-2。

表 9-2 低压管道（编码：030801）

项目编码	项目名称	项目特征	计量单位	工程量计算规则	工作内容
030801001	低压碳钢管	1. 材质 2. 规格 3. 连接形式、焊接方法 4. 压力试验、吹扫与清洗设计要求 5. 脱脂设计要求			1. 安装 2. 压力试验 3. 吹扫、清洗 4. 脱脂
030801002	低压碳钢伴热管	1. 材质 2. 规格 3. 连接形式 4. 安装位置 5. 压力试验、吹扫与清洗设计要求	m	按设计图示管道中心线以长度计算	1. 安装 2. 压力试验 3. 吹扫、清洗
030801003	衬里钢管预制安装	1. 材质 2. 规格 3. 安装方式（预制安装或成品管道） 4. 连接形式 5. 压力试验、吹扫与清洗设计要求			1. 管道、管件及法兰安装 2. 管道、管件拆除 3. 压力试验 4. 吹扫、清洗

续表

项目编码	项目名称	项目特征	计量单位	工程量计算规则	工作内容
030801004	低压不锈钢伴热管	1. 材质 2. 规格 3. 连接形式 4. 安装位置 5. 压力试验、吹扫与清洗设计要求			1. 安装 2. 压力试验 3. 吹扫、清洗
030801005	低压碳钢板卷管	1. 材质 2. 规格 3. 焊接方法 4. 压力试验、吹扫与清洗设计要求 5. 脱脂设计要求			1. 安装 2. 压力试验 3. 吹扫、清洗 4. 脱脂
030801006	低压不锈钢管	1. 材质 2. 规格			1. 安装 2. 管口焊接管内、外充氩保护 3. 套管制作、安装 4. 压力试验 5. 吹扫、清洗 6. 脱脂
030801007	低压不锈钢板卷管	3. 焊接方法 4. 充氩保护方式 5. 套管形式 6. 压力试验、吹扫与清洗设计要求 7. 脱脂设计要求			
030801008	低压合金钢管	1. 材质 2. 规格 3. 焊接方法 4. 套管形式 5. 压力试验、吹扫与清洗设计要求 6. 脱脂设计要求	m	按设计图示管道中心线以长度计算	1. 安装 2. 套管制作、安装 3. 压力试验 4. 吹扫、清洗 5. 脱脂
030801009	低压钛及钛合金管	1. 材质 2. 规格 3. 焊接方法 4. 充氩保护方式 5. 套管形式 6. 压力试验、吹扫与清洗设计要求 7. 脱脂设计要求			1. 安装 2. 管口焊接管内、外充氩保护 3. 套管制作、安装 4. 压力试验 5. 吹扫、清洗 6. 脱脂
030801010	低压镍及镍合金管				
030801011	低压锆及锆合金管				
030801012	低压铝及铝合金管				
030801013	低压铝及铝合金板卷管				
030801014	低压铜及铜合金管	1. 材质 2. 规格 3. 焊接方法 4. 套管形式 5. 压力试验、吹扫与清洗设计要求 6. 脱脂设计要求			1. 安装 2. 套管制作、安装 3. 压力试验 4. 吹扫、清洗 5. 脱脂
030801015	低压铜及铜合金板卷管				
030801016	低压塑料管	1. 材质 2. 规格 3. 连接形式 4. 套管形式 5. 压力试验、吹扫设计要求 6. 脱脂设计要求			1. 安装 2. 套管制作、安装 3. 压力试验 4. 吹扫 5. 脱脂
030801017	金属骨架复合管				
030801018	低压玻璃钢管				

项目编码	项目名称	项目特征	计量单位	工程量计算规则	工作内容
030801019	低压铸铁管	1. 材质 2. 规格 3. 连接形式 4. 接口材料 5. 套管形式 6. 压力试验、吹扫设计要求 7. 脱脂设计要求	m	按设计图示管道中心线以长度计算	1. 安装 2. 套管制作、安装 3. 压力试验 4. 吹扫 5. 脱脂
030801020	低压预应力混凝土管				

（2）中压管道（编码：030802）工程量清单项目设置及工程量计算规则，见表9-3。

表9-3　中压管道（编码：030802）

项目编码	项目名称	项目特征	计量单位	工程量计算规则	工作内容
030802001	中压碳钢管	1. 材质 2. 规格 3. 连接形式、焊接方法 4. 压力试验、吹扫与清洗设计要求 5. 脱脂设计要求	m	按设计图示管中心线以长度计算	1. 安装 2. 压力试验 3. 吹扫、清洗 4. 脱脂
030802002	中压螺旋卷管				
030802003	中压不锈钢管	1. 材质 2. 规格 3. 焊接方法 4. 充氩保护方式、部位 5. 压力试验、吹扫与清洗设计要求 6. 脱脂设计要求			1. 安装 2. 焊口充氩保护 3. 压力试验 4. 吹扫、清洗 5. 脱脂
030802004	中压合金钢管				
030802005	中压铜及铜合金管	1. 材质 2. 规格 3. 焊接方法 4. 压力试验、吹扫与清洗设计要求 5. 脱脂设计要求			1. 安装 2. 压力试验 3. 吹扫、清洗 4. 脱脂
030802006	中压钛及钛合金管	1. 材质 2. 规格 3. 焊接方法 4. 充氩保护方式、部位 5. 压力试验、吹扫与清洗设计要求 6. 脱脂设计要求			1. 安装 2. 焊口充氩保护 3. 压力试验 4. 吹扫、清洗 5. 脱脂
030802007	中压锆及锆合金管				
030802006	中压镍及镍合金管				

（3）高压管道（编码：030803）工程量清单项目设置及工程量计算规则，见表9-4。

表9-4　高压管道（编码：030803）

项目编码	项目名称	项目特征	计量单位	工程量计算规则	工作内容
030803001	高压碳钢管	1. 材质 2. 规格 3. 连接形式、焊接方法 4. 充氩保护方式、部位 5. 压力试验、吹扫与清洗设计要求 6. 脱脂设计要求	m	按设计图示管道中心线以长度计算	1. 安装 2. 焊口充氩保护 3. 压力试验 4. 吹扫、清洗 5. 脱脂
030803002	高压合金钢管				
030803003	高压不锈钢管				

9.2　管　　件

9.2.1　全统安装定额工程量计算规则

1. 低压管件

1) 现场加工的各种管道,在主管道上挖眼接管三通、摔制异径管,均应按不同材质、规格,以主管径执行管件连接相应消耗量定额,不另计制作和主材。

2) 挖眼接管三通支线管径小于主管径 1/2 时,不计算管件工程量;在主管上挖眼焊接管接头、凸台等配件,按配件管径计算管件工程量。

3) 管件用法兰连接时,执行法兰安装相应项目,管件本身安装不再计算。

4) 全加热套管的外套管件安装,消耗量定额按两半管件考虑的,包括二道纵缝和两个环缝。两半封闭短管可执行两半弯头项目。

5) 半加热外套管摔口后焊在内套管上,每个焊口按一个管件计算。外套碳钢管如焊在不锈钢管内套管上时,焊口间需加不锈钢短管衬垫,每处焊口按两个管件计算,衬垫短管按设计长度计算,如设计无规定时,可按 50mm 长度计算。

6) 在管道上安装的仪表部件,由管道安装专业负责安装:

(1) 在管道上安装的仪表一次部件,执行《全国统一安装工程预算定额—第六册　工业管道工程》中管件连接相应消耗量定额乘以系数 0.7;

(2) 仪表的温度计扩大管制作安装,执行《全国统一安装工程预算定额—第六册　工业管道工程》中管件连接消耗量定额乘以系数 1.5,工程量按大口径计算。

7) 管件制作,执行《全国统一安装工程预算定额—第六册　工业管道工程》中 C.6.14 相应消耗量定额。

2. 中压管件

1) 现场加工的各种管道,在主管上挖眼接管三通、摔制异径管,均应按不同材质、规格,以主管径执行管件连接相应消耗量定额,不另计制作和主材。

2) 挖眼接管三通支线管径小于主管径 1/2 时,不计算管件工程量;在主管上挖眼焊接管接头、凸台等配件,按配件管径计算管件工程量。

3) 管件用法兰连接时,执行法兰安装相应项目,管件本身安装不再计算。

4) 全加热套管的外套管件安装,消耗量定额按两半管件考虑的,包括二道纵缝和两个环缝。两半封闭短管可执行两半弯头项目。

5) 半加热外套管摔口后焊在内套管上,每个焊口按一个管件计算。外套碳钢管如焊在不锈钢管内套管上时,焊口间需加不锈钢短管衬垫,每处焊口按两个管件计算,衬垫短管按设计长度计算,如设计无规定时,可按 50mm 长度计算。

6) 在管道上安装的仪表部件,由管道安装专业负责安装:

(1) 在管道上安装的仪表一次部件,执行本章管件连接相应消耗量定额乘以系数 0.7;

(2) 仪表的温度计扩大管制作安装,执行本章管件连接消耗量定额乘以系数 1.5,工程量按大口径计算。

7) 管件制作,执行《全国统一安装工程预算定额—第六册　工业管道工程》中 C.6.14 相应消耗量定额。

3. 高压管件

1）现场加工的各种管道，在主管道上挖眼接管三通、摔制异径管，均应按不同材质、规格，以主管径执行管件连接相应消耗量定额，不另计制作和主材。

2）挖眼接管三通支线管径小于主管径 1/2 时，不计算管件工程量；在主管上挖眼焊接管接头、凸台等配件，按配件管径计算管件工程量。

3）管件用法兰连接时，执行法兰安装相应项目，管件本身安装不再计算。

4）全加热套管的外套管件安装，消耗量定额按两半管件考虑的，包括二道纵缝和两个环缝。两半封闭短管可执行两半弯头项目。

5）半加热外套管摔口后焊在内套管上，每个焊口按一个管件计算。外套碳钢管如焊在不锈钢管内套管上时，焊口间需加不锈钢短管衬垫，每处焊口按两个管件计算，衬垫短管按设计长度计算，如设计无规定时，可按 50mm 长度计算。

6）在管道上安装的仪表部件，由管道安装专业负责安装：

（1）在管道上安装的仪表一次部件，执行本章管件连接相应消耗量定额乘以系数 0.7；

（2）仪表的温度计扩大管制作安装，执行本章管件连接消耗量定额乘以系数 1.5，工程量按大口径计算。

7）管件制作，执行《全国统一安装工程预算定额—第六册 工业管道工程》中 C.6.14 相应消耗量定额。

9.2.2 新旧工程量计算规则对比

管件工程量清单项目及计算规则变化情况，见表 9-5。

表 9-5 管　件

序号	"13 规范"项目名称、编码	"08 规范"项目名称、编码	变化情况
低压管件			
1	低压碳钢管件 （编码：030804001）	低压碳钢管件 （编码：030604001）	项目特征：不变 计量单位：不变 工程量计算规则：变化 工程内容：不变
2	低压碳钢板卷管件 （编码：030804002）	低压碳钢板卷管件 （编码：030604002）	项目特征：不变 计量单位：不变 工程量计算规则：变化 工程内容：不变
3	低压不锈钢管件 （编码：030804003）	低压不锈钢管件 （编码：030604003）	项目特征：变化 计量单位：不变 工程量计算规则：变化 工程内容：不变
4	低压不锈钢板卷管件 （编码：030804004）	低压不锈钢板卷管件 （编码：030604004）	项目特征：变化 计量单位：不变 工程量计算规则：变化 工程内容：不变
5	低压合金钢管件 （编码：030804005）	低压合金钢管件 （编码：030604005）	项目特征：变化 计量单位：不变 工程量计算规则：变化 工程内容：不变

续表

序号	"13 规范"项目名称、编码	"08 规范"项目名称、编码	变化情况
6	低压加热外套碳钢管件(两半) (编码:030804006)	低压加热外套碳钢管件(两半) (编码:030604006)	项目特征:变化 计量单位:不变 工程量计算规则:变化 工程内容:不变
7	低压加热外套不锈钢管件(两半) (编码:030804007)	低压加热外套不锈钢管件(两半) (编码:030604007)	项目特征:变化 计量单位:不变 工程量计算规则:变化 工程内容:不变
8	低压铝及铝合金管件 (编码:030804008)	低压铝管件 (编码:030604008)	项目特征:变化 计量单位:不变 工程量计算规则:变化 工程内容:变化
9	低压铝及铝合金板卷管件 (编码:030804009)	低压铝板卷管件 (编码:030604009)	项目特征:变化 计量单位:不变 工程量计算规则:变化 工程内容:变化
10	低压铜及铜合金管件 (编码:030804010)	低压铜管件 (编码:030604010)	项目特征:变化 计量单位:不变 工程量计算规则:变化 工程内容:变化
11	低压钛及钛合金管件 (编码:030804011)	无	**新增**
12	低压锆及锆合金管件 (编码:030804012)	无	**新增**
13	低压镍及镍合金管件 (编码:030804013)	无	**新增**
14	低压塑料管件 (编码:030804014)	低压塑料管件 (编码:030604011)	项目特征:变化 计量单位:不变 工程量计算规则:变化 工程内容:不变
15	金属骨架复合管件 (编码:030804015)	无	**新增**
16	低压玻璃钢管件 (编码:030804016)	低压玻璃钢管件 (编码:030604012)	项目特征:变化 计量单位:不变 工程量计算规则:变化 工程内容:不变
17	低压铸铁管件 (编码:030804017)	低压承插铸铁管件 (编码:030604013)	项目特征:变化 计量单位:不变 工程量计算规则:变化 工程内容:不变
18	低压预应力混凝土转换件 (编码:030804018)	低压预应力混凝土转换件 (编码:030604015)	项目特征:变化 计量单位:不变 工程量计算规则:变化 工程内容:不变

续表

序号	"13规范"项目名称、编码	"08规范"项目名称、编码	变化情况
中压管件			
1	中压碳钢管件 （编码：030805001）	中压碳钢管件 （编码：030605001）	项目特征：不变 计量单位：不变 工程量计算规则：变化 工程内容：变化
2	中压螺旋卷管件 （编码：030805002）	中压螺旋卷管件 （编码：030605002）	项目特征：不变 计量单位：不变 工程量计算规则：变化 工程内容：变化
3	中压不锈钢管件 （编码：030805003）	中压不锈钢管件 （编码：030605003）	项目特征：变化 计量单位：不变 工程量计算规则：变化 工程内容：不变
4	中压合金钢管件 （编码：030805004）	中压合金钢管件 （编码：030605004）	项目特征：变化 计量单位：不变 工程量计算规则：变化 工程内容：变化
5	中压铜及铜合金管件 （编码：030805005）	中压铜管件 （编码：030605005）	项目特征：变化 计量单位：不变 工程量计算规则：变化 工程内容：变化
6	中压钛及钛合金管件 （编码：030805006）	无	**新增**
7	中压锆及锆合金管件 （编码：030805007）	无	**新增**
8	中压镍及镍合金管件 （编码：030805008）	无	**新增**
高压管件			
1	高压碳钢管件 （编码：030806001）	高压碳钢管件 （编码：030606001）	项目特征：变化 计量单位：不变 工程量计算规则：变化 工程内容：变化
2	高压不锈钢管件 （编码：030806002）	高压不锈钢管件 （编码：030606002）	项目特征：变化 计量单位：不变 工程量计算规则：变化 工程内容：不变
3	高压合金钢管件 （编码：030806003）	高压合金钢管件 （编码：030606003）	项目特征：变化 计量单位：不变 工程量计算规则：变化 工程内容：变化

9.2.3 "13规范"清单计价工程量计算规则

（1）低压管件（编码：030804）工程量清单项目设置及工程量计算规则，见表9-6。

表 9-6　低压管件(编码:030804)

项目编码	项目名称	项目特征	计量单位	工程量计算规则	工作内容
030804001	低压碳钢管件	1. 材质 2. 规格 3. 连接方式 4. 补强圈材质、规格	个	按设计图示数量计算	1. 安装 2. 三通补强圈制作、安装
030804002	低压碳钢板卷管件				
030804003	低压不锈钢管件	1. 材质 2. 规格 3. 焊接方法 4. 补强圈材质、规格 5. 充氩保护方式、部位			1. 安装 2. 管件焊口充氩保护 3. 三通补强圈制作、安装
030804004	低压不锈钢板卷管件				
030804005	低压合金钢管件				
030804006	低压加热外套碳钢管件(两半)	1. 材质 2. 规格 3. 连接形式			安装
030804007	低压加热外套不锈钢管件(两半)				
030804008	低压铝及铝合金管件	1. 材质 2. 规格 3. 焊接方法 4. 补强圈材质、规格			1. 安装 2. 三通补强圈制作、安装
030804009	低压铝及铝合金板卷管件				
030804010	低压铜及铜合金管件	1. 材质 2. 规格 3. 焊接方法			安装
030804011	低压钛及钛合金管件	1. 材质 2. 规格 3. 焊接方法 4. 充氩保护方式、部位			1. 安装 2. 管件焊口充氩保护
030804012	低压锆及锆合金管件				
030804013	低压镍及镍合金管件				
030804014	低压塑料管件	1. 材质 2. 规格 3. 连接形式 4. 接口材料			安装
030804015	金属骨架复合管件				
030804016	低压玻璃钢管件				
030804017	低压铸铁管件				
030804018	低压预应力混凝土转换件				

（2）中压管件(编码:030805)工程量清单项目设置及工程量计算规则,见表9-7。

表 9-7　中压管件(编码:030805)

项目编码	项目名称	项目特征	计量单位	工程量计算规则	工作内容
030805001	中压碳钢管件	1. 材质 2. 规格 3. 焊接方法 4. 补强圈材质、规格	个	按设计图示数量计算	1. 安装 2. 三通补强圈制作、安装
030805002	中压螺旋卷管件				
030805003	中压不锈钢管件	1. 材质 2. 规格 3. 焊接方法 4. 充氩保护方式、部位			1. 安装 2. 管件焊口充氩保护
030805004	中压合金钢管件	1. 材质 2. 规格 3. 焊接方法 4. 充氩保护方式 5. 补强圈材质、规格			1. 安装 2. 三通补强圈制作、安装
030804005	中压铜及铜合金管件	1. 材质 2. 规格 3. 焊接方法			安装
030805006	中压钛及钛合金管件	1. 材质 2. 规格 3. 焊接方法 4. 充氩保护方式、部位			1. 安装 2. 管件焊口充氩保护
030805007	中压锆及锆合金管件				
030805008	中压镍及镍合金管件				

(3)高压管件(编码:030806)工程量清单项目设置及工程量计算规则,见表9-8。

表 9-8　高压管件(编码:030806)

项目编码	项目名称	项目特征	计量单位	工程量计算规则	工作内容
030806001	高压碳钢管件	1. 材质 2. 规格 3. 连接形式、焊接方法 4. 充氩保护方式、部位	个	按设计图示数量计算	1. 安装 2. 管件焊口充氩保护
030806002	高压不锈钢管件				
030806003	高压合金钢管件				

9.3　阀　门

9.3.1　全统安装定额工程量计算规则

1. 低压阀门

(1)适用于低压管道上的各种阀门安装,以"个"为计量单位。

(2)各种法兰、阀门安装与配套法兰的安装,应分别计算工程量。

(3)各种法兰阀门安装,消耗量定额中只包括一个垫片和一副法兰用的螺栓,螺栓的规格数量,如设计未作规定时,可根据法兰阀门的压力和法兰密封形式,按本消耗量定额附录的"法兰螺栓重量表"计算。

(4)减压阀直径按高压侧计算。

2. 中压阀门

（1）适用于中压管道上的各种阀门安装,以"个"为计量单位。

（2）各种法兰、阀门安装与配套法兰的安装,应分别计算工程量。

（3）各种法兰阀门安装,消耗量定额中只包括一个垫片和一副法兰用的螺栓,螺栓的规格数量,如设计未作规定时,可根据法兰阀门的压力和法兰密封形式,按本消耗量定额附录的"法兰螺栓重量表"计算。

（4）减压阀直径按高压侧计算。

（5）直接安装在管道上的仪表流量计执行阀门安装相应项目乘以系数0.7。

3. 高压阀门

（1）适用于高压管道上的各种阀门安装,以"个"为计量单位。

（2）各种法兰、阀门安装与配套法兰的安装,应分别计算工程量。

（3）各种法兰阀门安装,消耗量定额中只包括一个垫片和一副法兰用的螺栓,螺栓的规格数量,如设计未作规定时,可根据法兰阀门的压力和法兰密封形式,按《全国统一安装工程预算定额—第六册　工业管道工程》中附录的"法兰螺栓重量表"计算。

（4）减压阀直径按高压侧计算。

（5）直接安装在管道上的仪表流量计执行阀门安装相应项目乘以系数0.7。

9.3.2　新旧工程量计算规则对比

阀门工程量清单项目及计算规则变化情况,见表9-9。

表 9-9　阀　门

序号	"13规范"项目名称、编码	"08规范"项目名称、编码	变化情况
		低压阀门	
1	低压螺纹阀门 （编码:030807001）	低压螺纹阀门 （编码:030607001）	项目特征:变化 计量单位:不变 工程量计算规则:变化 工程内容:变化
2	低压焊接阀门 （编码:030807002）	低压焊接阀门 （编码:030607002）	项目特征:变化 计量单位:不变 工程量计算规则:变化 工程内容:变化
3	低压法兰阀门 （编码:030807003）	低压法兰阀门 （编码:030607003）	项目特征:变化 计量单位:不变 工程量计算规则:变化 工程内容:变化
4	低压齿轮、液压传动、电动阀门 （编码:030807004）	低压齿轮、液压传动、电动阀门 （编码:030607004）	项目特征:变化 计量单位:不变 工程量计算规则:变化 工程内容:变化
5	低压安全阀门 （编码:030807005）	低压安全阀门 （编码:030607007）	项目特征:变化 计量单位:不变 工程量计算规则:变化 工程内容:变化
6	低压调节阀门 （编码:030807006）	低压调节阀门 （编码:030607008）	项目特征:变化 计量单位:不变 工程量计算规则:变化 工程内容:不变

序号	"13规范"项目名称、编码	"08规范"项目名称、编码	变化情况
中压阀门			
1	中压螺纹阀门 (编码:030808001)	中压螺纹阀门 (编码:030608001)	项目特征:变化 计量单位:不变 工程量计算规则:变化 工程内容:变化
2	中压焊接阀门 (编码:030808002)	中压焊接阀门 (编码:030608005)	项目特征:变化 计量单位:不变 工程量计算规则:变化 工程内容:变化
3	中压法兰阀门 (编码:030808003)	中压法兰阀门 (编码:030608002)	项目特征:变化 计量单位:不变 工程量计算规则:变化 工程内容:变化
4	中压齿轮、液压传动、电动阀门 (编码:030808004)	中压齿轮、液压传动、电动 阀门 (编码:030608003)	项目特征:变化 计量单位:不变 工程量计算规则:变化 工程内容:变化
5	中压安全阀门 (编码:030808006)	中压安全阀门 (编码:030608004)	项目特征:变化 计量单位:不变 工程量计算规则:变化 工程内容:变化
6	中压调节阀门 (编码:030808006)	中压调节阀门 (编码:030608006)	项目特征:变化 计量单位:不变 工程量计算规则:变化 工程内容:变化
高压阀门			
1	高压螺纹阀门 (编码:030809001)	高压螺纹阀门 (编码:030609001)	项目特征:变化 计量单位:不变 工程量计算规则:变化 工程内容:变化
2	高压法兰阀门 (编码:030809002)	高压法兰阀门 (编码:030609002)	项目特征:变化 计量单位:不变 工程量计算规则:变化 工程内容:变化
3	高压焊接阀门 (编码:030809003)	高压焊接阀门 (编码:030609003)	项目特征:变化 计量单位:不变 工程量计算规则:变化 工程内容:变化

9.3.3 "13规范"清单计价工程量计算规则

(1)低压阀门(编码:030807)工程量清单项目设置及工程量计算规则,见表9-10。

表9-10　低压阀门(编码:030807)

项目编码	项目名称	项目特征	计量单位	工程量计算规则	工作内容
030807001	低压螺纹阀门	1. 名称 2. 材质 3. 型号、规格 4. 连接形式 5. 焊接方法	个	按设计图示数量计算	1. 安装 2. 操纵装置安装 3. 壳体压力试验、解体检查及研磨 4. 调试
030807002	低压焊接阀门				
030807003	低压法兰阀门				
030807004	低压齿轮、液压传动、电动阀门				1. 安装 2. 壳体压力试验、解体检查及研磨 3. 调试
030807005	低压安全阀门				
030807006	低压调节阀门	1. 名称 2. 材质 3. 型号、规格 4. 连接形式			1. 安装 2. 临时短管装拆 3. 壳体压力试验、解体检查及研磨 4. 调试

(2)中压阀门(编码:030808)工程量清单项目设置及工程量计算规则,见表9-11。

表9-11　中压阀门(编码:030808)

项目编码	项目名称	项目特征	计量单位	工程量计算规则	工作内容
030808001	中压螺纹阀门	1. 名称 2. 材质 3. 型号、规格 4. 连接形式 5. 焊接方法	个	按设计图示数量计算	1. 安装 2. 操纵装置安装 3. 壳体压力试验、解体检查及研磨 4. 调试
030808002	中压焊接阀门				
030808003	中压法兰阀门				
030808004	中压齿轮、液压传动、电动阀门				1. 安装 2. 壳体压力试验、解体检查及研磨 3. 调试
030808005	中压安全阀门				
030808006	中压调节阀门	1. 名称 2. 材质 3. 型号、规格 4. 连接形式			1. 安装 2. 临时短管装拆 3. 壳体压力试验、解体检查及研磨 4. 调试

(3)高压阀门(编码:030809)工程量清单项目设置及工程量计算规则,见表9-12。

表9-12　高压阀门(编码:030809)

项目编码	项目名称	项目特征	计量单位	工程量计算规则	工作内容
030809001	高压螺纹阀门	1. 名称 2. 材质 3. 型号、规格 4. 连接形式 5. 法兰垫片材质	个	按设计图示数量计算	1. 安装 2. 壳体压力试验、解体检查及研磨
030809002	高压法兰阀门				

项目编码	项目名称	项目特征	计量单位	工程量计算规则	工作内容
030809003	高压焊接阀门	1. 名称 2. 材质 3. 型号、规格 4. 焊接方法 5. 充氩保护方式、部位	个	按设计图示数量计算	1. 安装 2. 焊口充氩保护 3. 壳体压力试验、解体检查及研磨

9.4 法　兰

9.4.1　全统安装定额工程量计算规则

1. 低压法兰

(1)在管道上安装的节流装置,已包括了短管装拆工作内容,执行法兰安装相应消耗量定额乘以系数0.8。

(2)不锈钢、有色金属的焊环活动法兰安装,可执行翻边活动法兰安装相应消耗量定额,但应将消耗量定额中的翻边短管换为焊环。

(3)低压法兰安装的垫片是按石棉橡胶板考虑的。

(4)法兰安装不包括安装后系统调试运转中的冷、热态紧固内容。

(5)用法兰连接的管道安装,管道与法兰分别计算工程量,执行相应消耗量定额。

(6)焊接盲板(封头)执行管件连接相应项目乘以系数0.6。

(7)配法兰的盲板安装已包括在单片法兰安装中。

2. 中压法兰

(1)在管道上安装的节流装置,已包括了短管装拆工作内容,执行法兰安装相应消耗量定额乘以系数0.8。

(2)不锈钢、有色金属的焊环活动法兰安装,可执行翻边活动法兰安装相应消耗量定额,但应将消耗量定额中的翻边短管换为焊环。

(3)低压法兰安装的垫片是按石棉橡胶板考虑的。

(4)法兰安装不包括安装后系统调试运转中的冷、热态紧固内容。

(5)用法兰连接的管道安装,管道与法兰分别计算工程量,执行相应消耗量定额。

(6)螺纹法兰安装,按低压螺纹法兰项目乘以系数1.2。

(7)配法兰的盲板安装已包括在单片法兰安装中。

(8)焊接盲板(封头)执行管件连接相应项目乘以系数0.6。

3. 高压法兰

(1)在管道上安装的节流装置,已包括了短管装拆工作内容,执行法兰安装相应消耗量定额乘以系数0.8。

(2)不锈钢、有色金属的焊环活动法兰安装,可执行翻边活动法兰安装相应消耗量定额,但应将消耗量定额中的翻边短管换为焊环。

(3)低压法兰安装的垫片是按石棉橡胶板考虑的。

(4)法兰安装不包括安装后系统调试运转中的冷、热态紧固内容。

（5）用法兰连接的管道安装，管道与法兰分别计算工程量，执行相应消耗量定额。

（6）焊接盲板（封头）执行管件连接相应项目乘以系数0.6。

（7）配法兰的盲板安装已包括在单片法兰安装中。

（8）高压碳钢螺纹法兰安装，包括了螺栓涂二硫化钼工作内容。

（9）高压对焊法兰包括了密封面涂机油工作内容，不包括螺栓涂二硫化钼、石墨机油或石墨粉。硬度检查应按设计要求另行计算。

9.4.2　新旧工程量计算规则对比

法兰工程量清单项目及计算规则变化情况，见表9-13。

表9-13　法兰

序号	"13规范"项目名称、编码	"08规范"项目名称、编码	变化情况
低压法兰			
1	低压碳钢螺纹法兰 （编码：030810001）	低压碳钢螺纹法兰 （编码：030610001）	项目特征：变化 计量单位：变化 工程量计算规则：变化 工程内容：变化
2	低压碳钢焊接法兰 （编码：030810002）	低压碳钢平焊法兰 （编码：030610002） 低压碳钢对焊法兰 （编码：030610003）	项目特征：变化 计量单位：变化 工程量计算规则：变化 工程内容：变化
3	低压铜及铜合金法兰 （编码：030810003）	低压铜法兰 （编码：030610010）	项目特征：变化 计量单位：变化 工程量计算规则：变化 工程内容：变化
4	低压不锈钢法兰 （编码：030810004）	低压不锈钢平焊法兰 （编码：030610004） 低压不锈钢翻遍活动法兰 （编码：030610005） 低压不锈钢对焊法兰 （编码：030610006）	项目特征：变化 计量单位：变化 工程量计算规则：变化 工程内容：变化
5	低压合金钢法兰 （编码：030810005）	低压合金钢平焊法兰 （编码：030610007）	项目特征：变化 计量单位：变化 工程量计算规则：变化 工程内容：变化
6	低压铝及铝合金法兰 （编码：030810006）	低压铝、铝合金法兰 （编码：030610009）	项目特征：变化 计量单位：变化 工程量计算规则：变化 工程内容：变化
7	低压钛及钛合金法兰 （编码：030810007）	无	新增
8	低压锆及锆合金法兰 （编码：030810008）	无	新增
9	低压镍及镍合金法兰 （编码：030810009）	无	新增
10	钢骨架复合塑料法兰 （编码：030810010）	无	新增

续表

序号	"13规范"项目名称、编码	"08规范"项目名称、编码	变化情况
中压法兰			
1	中压碳钢螺纹法兰 （编码:030811001）	中压碳钢螺纹法兰 （编码:030611001）	项目特征:变化 计量单位:变化 工程量计算规则:变化 工程内容:变化
2	中压碳钢焊接法兰 （编码:030811002）	中压碳钢平焊法兰 （编码:030611002） 中压碳钢对焊法兰 （编码:030611003）	项目特征:变化 计量单位:变化 工程量计算规则:变化 工程内容:变化
3	中压铜及铜合金法兰 （编码:030811003）	中压铜管对焊法兰 （编码:030611007）	项目特征:变化 计量单位:变化 工程量计算规则:变化 工程内容:变化
4	中压不锈钢法兰 （编码:030811004）	中压不锈钢平焊法兰 （编码:030611004） 中压不锈钢对焊法兰 （编码:030611005）	项目特征:变化 计量单位:变化 工程量计算规则:变化 工程内容:变化
5	中压合金钢法兰 （编码:030811005）	中压合金钢对焊法兰 （编码:030611005）	项目特征:变化 计量单位:变化 工程量计算规则:变化 工程内容:变化
6	中压钛及钛合金法兰 （编码:030811006）	无	新增
7	中压锆及锆合金法兰 （编码:030811007）	无	新增
8	中压镍及镍合金法兰 （编码:030811008）	无	新增
高压法兰			
1	高压碳钢螺纹法兰 （编码:030812001）	高压碳钢螺纹法兰 （编码:030612001）	项目特征:变化 计量单位:变化 工程量计算规则:变化 工程内容:变化
2	高压碳钢焊接法兰 （编码:030812002）	高压碳钢对焊法兰 （编码:030612002）	项目特征:变化 计量单位:变化 工程量计算规则:变化 工程内容:变化
3	高压不锈钢焊接法兰 （编码:030812003）	高压不锈钢对焊法兰 （编码:030612003）	项目特征:变化 计量单位:变化 工程量计算规则:变化 工程内容:变化
4	高压合金钢焊接法兰 （编码:030812004）	高压合金钢对焊法兰 （编码:030612004）	项目特征:变化 计量单位:变化 工程量计算规则:变化 工程内容:变化

9.4.3 "13规范"清单计价工程量计算规则

（1）低压法兰(编码:030810)工程量清单项目设置及工程量计算规则,见表9-14。

表9-14 低压法兰(编码:030810)

项目编码	项目名称	项目特征	计量单位	工程量计算规则	工作内容
030810001	低压碳钢螺纹法兰	1. 材质 2. 结构形式 3. 型号、规格	副(片)	按设计图示数量计算	1. 安装 2. 翻边活动法兰短管制作
030810002	低压碳钢焊接法兰	1. 材质 2. 结构形式 3. 型号、规格 4. 连接形式 5. 焊接方法			
030810003	低压铜及铜合金法兰				
030810004	低压不锈钢法兰	1. 材质 2. 结构形式 3. 型号、规格 4. 连接形式 5. 焊接方法 6. 充氩保护方式、部位			1. 安装 2. 翻边活动法兰短管制作 3. 焊口充氩保护
030810005	低压合金钢法兰				
030810006	低压铝及铝合金法兰				
030810007	低压钛及钛合金法兰				安装
030810008	低压锆及锆合金法兰	1. 材质 2. 规格 3. 连接形式 4. 法兰垫片材质			
030810009	低压镍及镍合金法兰				
030810010	钢骨架复合塑料法兰				

（2）中压法兰(编码:030811)工程量清单项目设置及工程量计算规则,见表9-15。

表9-15 中压法兰(编码:030811)

项目编码	项目名称	项目特征	计量单位	工程量计算规则	工作内容
030811001	中压碳钢螺纹法兰	1. 材质 2. 结构形式 3. 型号、规格	副(片)	按设计图示数量计算	1. 安装 2. 翻边活动法兰短管制作
030811002	中压碳钢焊接法兰	1. 材质 2. 结构形式 3. 型号、规格 4. 连接形式 5. 焊接方法			
030811003	中压铜及铜合金法兰				
030811004	中压不锈钢法兰	1. 材质 2. 结构形式 3. 型号、规格 4. 连接形式 5. 焊接方法 6. 充氩保护方式、部位			1. 安装 2. 焊口充氩保护 3. 翻边活动法兰短管制作
030811005	中压合金钢法兰				
030811006	中压钛及钛合金法兰				
030811007	中压锆及锆合金法兰				
030811008	中压镍及镍合金法兰				

（3）高压法兰（编码:030812）工程量清单项目设置及工程量计算规则,见表9-16。

表 9-16　高压法兰（编码:030812）

项目编码	项目名称	项目特征	计量单位	工程量计算规则	工作内容
030812001	高压碳钢螺纹法兰	1. 材质 2. 结构形式 3. 型号、规格 4. 法兰垫片材质	副（片）	按设计图示数量计算	安装
030812002	高压碳钢焊接法兰	1. 材质 2. 结构形式 3. 型号、规格 4. 焊接方法 5. 充氩保护方式、部位 6. 法兰垫片材质			1. 安装 2. 焊口充氩保护
030812003	高压不锈钢焊接法兰				
030812004	高压合金钢焊接法兰				

9.5　板卷管制作

9.5.1　全统安装定额工程量计算规则

（1）板卷管制作,按不同材质、规格以"t"为计量单位,主材用量包括给定的损耗量。

（2）板卷管件制作,按不同材质、规格、种类以"t"为计量单位,主材用量包括给定的损耗量。

（3）各种板卷管制作,其焊缝均按透油试漏考虑,不包括单件压力试验和无损探伤。

（4）各种板卷管制作,是按在结构（加工）厂制作考虑的,不包括原材料（板材）及成品的水平运输、卷筒钢板展开、分段切割、平直工作内容,发生时应按相应消耗量定额另行计算。

9.5.2　新旧工程量计算规则对比

板卷管制作工程量清单项目及计算规则变化情况,见表9-17。

表 9-17　板卷管制作

序号	"13规范"项目名称、编码	"08规范"项目名称、编码	变化情况
1	碳钢板直管制作 （编码:030813001）	碳钢板直管制作 （编码:030613001）	项目特征:变化 计量单位:不变 工程量计算规则:变化 工程内容:变化
2	不锈钢板直管制作 （编码:030813002）	不锈钢板直管制作 （编码:030613002）	项目特征:变化 计量单位:不变 工程量计算规则:变化 工程内容:变化
3	铝及铝合金板直管制作 （编码:030813003）	铝板直管制作 （编码:030613003）	项目特征:变化 计量单位:不变 工程量计算规则:变化 工程内容:变化

9.5.3　"13规范"清单计价工程量计算规则

板卷管制作（编码:030813）工程量清单项目设置及工程量计算规则,见表9-18。

表 9-18 板卷管制作（编码：030813）

项目编码	项目名称	项目特征	计量单位	工程量计算规则	工作内容
030813001	碳钢板直管制作	1. 材质 2. 规格 3. 焊接方法	t	按设计图示质量计算	1. 制作 2. 卷筒式板材开卷及平直
030813002	不锈钢板直管制作	1. 材质 2. 规格 3. 焊接方法 4. 充氩保护方式、部位			1. 制作 2. 焊口充氩保护
030813003	铝及铝合金板直管制作				

9.6 管 件 制 作

9.6.1 全统安装定额工程量计算规则

（1）成品管材制作管件，按不同材质、规格、种类以"个"为计量单位，主材用量包括给定的损耗量。

（2）三通不分同径或异径，均按主管径计算，异径管不分同心或偏心，按大管径计算。

（3）各种板卷管件制作，其焊缝均按透油试漏考虑，不包括单件压力试验和无损探伤。

（4）各种板卷管件制作，是按在结构（加工）厂制作考虑的，不包括原材料（板材）及成品的水平运输、卷筒钢板展开、分段切割、平直工作内容，发生时应按相应消耗量定额另行计算。

（5）用管材制作管件项目，其焊缝均不包括试漏和无探伤工作内容，应按相应管道类别要求计算探伤费用。

9.6.2 新旧工程量计算规则对比

管件制作工程量清单项目及计算规则变化情况，见表 9-19。

表 9-19 管件制作

序号	"13 规范"项目名称、编码	"08 规范"项目名称、编码	变化情况
1	碳钢板管件制作 （编码：030814001）	碳钢板管件制作 （编码：030614001）	项目特征：变化 计量单位：不变 工程量计算规则：变化 工程内容：不变
2	不锈钢板管件制作 （编码：030814002）	不锈钢板管件制作 （编码：030614002）	项目特征：变化 计量单位：不变 工程量计算规则：变化 工程内容：变化
3	铝及铝合金板管件制作 （编码：030814003）	铝管件制作 （编码：030614003）	项目特征：变化 计量单位：不变 工程量计算规则：变化 工程内容：变化
4	碳钢管虾体弯制作 （编码：030814004）	碳钢管虾体弯制作 （编码：030614004）	项目特征：变化 计量单位：不变 工程量计算规则：不变 工程内容：不变
5	中压螺旋卷管虾体弯制作 （编码：030814005）	中压螺旋卷管虾体弯制作 （编码：030614005）	项目特征：变化 计量单位：不变 工程量计算规则：不变 工程内容：不变

序号	"13 规范"项目名称、编码	"08 规范"项目名称、编码	变化情况
6	不锈钢管虾体弯制作 （编码：030814006）	不锈钢管虾体弯制作 （编码：030614006）	项目特征：变化 计量单位：不变 工程量计算规则：不变 工程内容：变化
7	铝及铝合金管虾体弯制作 （编码：030814007）	铝管虾体弯制作 （编码：030614007）	项目特征：变化 计量单位：不变 工程量计算规则：不变 工程内容：变化
8	铜及铜合金管虾体弯制作 （编码：030814008）	铜管虾体弯制作 （编码：030614008）	项目特征：变化 计量单位：不变 工程量计算规则：不变 工程内容：变化
9	管道机械煨弯 （编码：030814009）	管道机械煨弯 （编码：030614009）	不变
10	管道中频煨弯 （编码：030814010）	管道中频煨弯 （编码：030614010）	项目特征：不变 计量单位：不变 工程量计算规则：不变 工程内容：变化
11	塑料管煨弯 （编码：030814011）	塑料管煨弯 （编码：030614011）	不变

9.6.3 "13 规范"清单计价工程量计算规则

管件制作（编码：030814）工程量清单项目设置及工程量计算规则，见表 9-20。

表 9-20 管件制作（编码：030814）

项目编码	项目名称	项目特征	计量单位	工程量计算规则	工作内容
030814001	碳钢板管件制作	1. 材质 2. 规格 3. 焊接方法	t	按设计图示质量计算	1. 制作 2. 卷筒式板材开卷及平直
030814002	不锈钢板管件制作	1. 材质 2. 规格 3. 焊接方法 4. 充氩保护方式、部位			1. 制作 2. 焊口充氩保护
030814003	铝及铝合金板管件制作	1. 材质 2. 规格 3. 焊接方法			制作
030814004	碳钢管虾体弯制作	1. 材质 2. 规格 3. 焊接方法	个	按设计图示数量计算	制作
030814005	中压螺旋卷管虾体弯制作				
030814006	不锈钢管虾体弯制作	1. 材质 2. 规格 3. 焊接方法 4. 充氩保护方式、部位			1. 制作 2. 焊口充氩保护

续表

项目编码	项目名称	项目特征	计量单位	工程量计算规则	工作内容
030814007	铝及铝合金管虾体弯制作	1. 材质 2. 规格 3. 焊接方法	个	按设计图示数量计算	制作
030814008	铜及铜合金管虾体弯制作				
030814009	管道机械煨弯	1. 压力 2. 材质 3. 型号、规格			煨弯
030814010	管道中频煨弯				
030814011	塑料管煨弯	1. 材质 2. 型号、规格			

9.7 管架制作安装

9.7.1 全统安装定额工程量计算规则

（1）一般管架制作安装以"t"为计量单位，适用于单件重量在100kg以内的管架制作安装；单件重量大于100kg的管架制作安装应执行相应消耗量定额。

（2）采用成型钢管焊接的异形管架制作安装，按一般管架消耗量定额乘以系数1.3，其中不锈钢用焊条应按实调整。

9.7.2 新旧工程量计算规则对比

管架制作安装工程量清单项目及计算规则变化情况，见表9-21。

表9-21 管架制作安装

序号	"13规范"项目名称、编码	"08规范"项目名称、编码	变化情况
1	管架制作安装 （编码：030815001）	管架制作安装 （编码：030615001）	项目特征：变化 计量单位：不变 工程量计算规则：变化 工程内容：变化

9.7.3 "13规范"清单计价工程量计算规则

管架制作安装（编码：030815）工程量清单项目设置及工程量计算规则，见表9-22。

表9-22 管架制作安装（编码：030815）

项目编码	项目名称	项目特征	计量单位	工程量计算规则	工作内容
030815001	管架制作安装	1. 单件支架质量 2. 材质 3. 管架形式 4. 支架衬垫材质 5. 减震器形式及做法	kg	按设计图示质量计算	1. 制作、安装 2. 弹簧管架物理性试验

9.8 无损探伤与热处理

9.8.1 全统安装定额工程量计算规则

（1）管材表面磁粉探伤和超声波探伤，不分材质、壁厚以"m"为计量单位。

（2）焊缝 X 光射线、γ 射线探伤，按管壁厚不分规格、材质以"张"为计量单位。

（3）焊缝超声波、磁粉及渗透探伤，按规格不分材质、壁厚以"口"为计量单位。

（4）计算 X 光、γ 射线探伤工程量时，按管材的双壁厚执行相应消耗量定额项目。

（5）管材对接焊接过程中的渗透探伤检验及管材表面的渗透探伤检验执行管材对接焊缝渗透探伤消耗量定额。

（6）管道焊缝采用超声波无损探伤时，其检测范围内的打磨工程量按展开长度计算。

（7）无损探伤消耗量定额中不包括固定射线探伤仪器适用的各种支架的制作，因超声波探伤所需的各种对比试块的制作，发生时可根据现场实际情况另行计算。

（8）管道焊缝应按照设计要求的检验方法和数量进行无损探伤。当设计无规定时，管道焊缝的射线照相检验比例应符合规范规定。管口射线片子数量按现场实际拍片张数计算。

（9）焊前预热和焊后热处理，按不同材质、规格及施工方法以"口"为计量单位。

（10）热处理的有效时间是依据《工业金属管道工程施工质量验收规范》（GB 50184—2011）所规定的加热速率、温度下的恒温时间及冷却速率公式计算的，并考虑了必要的辅助时间、拆除和回收用料等工作内容。

（11）电加热片或电感应预热中，如要求焊后立即进行热处理，焊前预热消耗量定额人工应乘以系数 0.87。

（12）电加热片加热进行焊前预热或焊后局部热处理时，如要求增加一层石棉布保温，石棉布的消耗量与高硅（氧）布相同，人工不再增加。

（13）用电加热片或电感应法加热进行焊前预热或焊后局部处理的项目中，除石棉布和高硅（氧）布为一次性消耗材料外，其他各种材料均按摊销量计入消耗量定额。

（14）电加热片是按履带式考虑的。

9.8.2 新旧工程量计算规则对比

无损探伤与热处理工程量清单项目及计算规则变化情况，见表9-23。

表 9-23 无损探伤与热处理

序号	"13 规范"项目名称、编码	"08 规范"项目名称、编码	变化情况
1	管材表面超声波探伤 （编码：030816001）	管材表面超声波探伤 （编码：030616001）	项目特征：**变化** 计量单位：**变化** 工程量计算规则：**变化** 工程内容：**变化**
2	管材表面磁粉探伤 （编码：030816002）	管材表面磁粉探伤 （编码：030616002）	项目特征：**变化** 计量单位：**变化** 工程量计算规则：**变化** 工程内容：**变化**
3	焊缝 X 射线探伤 （编码：030816003）	焊缝 X 射线探伤 （编码：030616003）	项目特征：**变化** 计量单位：**变化** 工程量计算规则：**不变** 工程内容：**变化**

序号	"13 规范"项目名称、编码	"08 规范"项目名称、编码	变化情况
4	焊缝 γ 射线探伤 （编码:030816004）	焊缝 γ 射线探伤 （编码:030616004）	项目特征:**变化** 计量单位:**变化** 工程量计算规则:**不变** 工程内容:**变化**
5	焊缝超声波探伤 （编码:030816005）	焊缝超声波探伤 （编码:030616005）	项目特征:**变化** 计量单位:**不变** 工程量计算规则:**不变** 工程内容:**变化**
6	焊缝磁粉探伤 （编码:030816006）	焊缝磁粉探伤 （编码:030616006）	项目特征:**变化** 计量单位:**不变** 工程量计算规则:**不变** 工程内容:**变化**
7	焊缝渗透探伤 （编码:030816007）	焊缝渗透探伤 （编码:030616007）	项目特征:**变化** 计量单位:**不变** 工程量计算规则:**不变** 工程内容:**变化**
8	焊前预热、后热处理 （编码:030816008）	无	**新增**
9	焊口热处理 （编码:030816009）	无	**新增**

9.8.3 "13 规范"清单计价工程量计算规则

无损探伤与热处理（编码:030816）工程量清单项目设置及工程量计算规则,见表 9-24。

表 9-24　无损探伤与热处理（编码:030816）

项目编码	项目名称	项目特征	计量单位	工程量计算规则	工作内容
030816001	管材表面 超声波探伤	1. 名称 2. 规格	1. m 2. m²	1. 以米计量,按管材无损探伤长度计算。 2. 以平方米计量,按管材表面探伤检测面积计算	探伤
030816002	管材表面 磁粉探伤				
030816003	焊缝 X 射线探伤	1. 名称 2. 底片规格 3. 管壁厚度	张（口）		
030816004	焊缝 γ 射线探伤				
030816005	焊缝 超声波探伤	1. 名称 2. 管道规格 3. 对比试块设计要求		按规范或设计技术要求计算	1. 探伤 2. 对比试块的制作
030816006	焊缝 磁粉探伤	1. 名称 2. 管道规格	口		探伤
030816007	焊缝 渗透探伤				
030816008	焊前预热、 后热处理	1. 材质 2. 规格及管壁厚 3. 压力等级 4. 热处理方法 5. 硬度测定设计要求	口	按规范或设计技术要求计算	1. 热处理 2. 硬度测定
030816009	焊口热处理				

9.9 其他项目制作安装

9.9.1 全统安装定额工程量计算规则

（1）冷排管制作与安装以"m"为计量单位。冷排管制作与安装消耗量定额中，已包括钢带的轧绞、绕片，但不包括钢带退火和冲、套翅片，管架制作与安装可按本章所列项目计算，冲、套翅片可根据实际情况自行补充。

（2）套管制作与安装，按不同规格，分一般穿墙套管和柔、刚性套管，以"个"为计量单位，所需的钢管和钢板已包括在制作消耗量定额内，执行消耗量定额时应按设计及规范要求选用项目。

（3）有色金属管、非金属管的管架制作安装，按一般管架消耗量定额乘以系数1.1。

（4）管道焊接焊口充氩保护消耗量定额，适用于各种材质氩弧焊接或氩电联焊焊接方法的项目，按不同的规格和充氩部位，不分材质以"口"为计量单位。执行消耗量定额时，按设计及规范要求选用项目。

9.9.2 新旧工程量计算规则对比

其他项目制作安装工程量清单项目及计算规则变化情况，见表9-25。

表9-25 其他项目制作安装

序号	"13规范"项目名称、编码	"08规范"项目名称、编码	变化情况
1	冷排管制作安装 （编码：030817001）	冷排管制作安装 （编码：030617002）	项目特征：变化 计量单位：不变 工程量计算规则：变化 工程内容：变化
2	分、集汽（水）缸制作安装 （编码：030817002）	蒸汽气缸制作安装 （编码：030617003） 集气罐制作安装 （编码：030617004）	项目特征：变化 计量单位：变化 工程量计算规则：变化 工程内容：变化
3	空气分气筒制作安装 （编码：030817003）	空气分气筒制作安装 （编码：030617005）	项目特征：变化 计量单位：变化 工程量计算规则：不变 工程内容：变化
4	空气调节喷雾管安装 （编码：030817004）	空气调节喷雾管安装 （编码：030617006）	项目特征：变化 计量单位：不变 工程量计算规则：不变 工程内容：变化
5	钢制排水漏斗制作安装 （编码：030817005）	钢制排水漏斗制作安装 （编码：030617007）	项目特征：变化 计量单位：不变 工程量计算规则：变化 工程内容：变化
6	水位计安装 （编码：030817006）	水位计安装 （编码：030617008）	项目特征：变化 计量单位：不变 工程量计算规则：不变 工程内容：不变
7	手摇泵安装 （编码：030817007）	手摇泵安装 （编码：030617009）	项目特征：变化 计量单位：变化 工程量计算规则：不变 工程内容：变化
8	套管制作安装（编码：030817008）	无	**新增**

9.9.3 "13 规范"清单计价工程量计算规则

其他项目制作安装(编码:030817)工程量清单项目设置及工程量计算规则,见表9-26。

表 9-26　其他项目制作安装(编码:030817)

项目编码	项目名称	项目特征	计量单位	工程量计算规则	工作内容
030817001	冷排管制作安装	1. 排管形式 2. 组合长度	m	按设计图示以长度计算	1. 制作、安装 2. 钢带退火 3. 加氨 4. 冲、套翅片
030817002	分、集汽(水)缸制作安装	1. 质量 2. 材质、规格 3. 安装方式	台	按设计图示数量计算	1. 制作 2. 安装
030817003	空气分气筒制作安装	1. 材质 2. 规格	组		1. 制作 2. 安装
030817004	空气调节喷雾管安装				安装
030817005	钢制排水漏斗制作安装	1. 形式、材质 2. 口径规格	个		1. 制作 2. 安装
030817006	水位计安装	1. 规格 2. 型号	组		安装
030817007	手摇泵安装		个		1. 安装 2. 调试
030817008	套管制作安装	1. 类型 2. 材质 3. 规格 4. 填料材质	台		1. 制作 2. 安装 3. 除锈、刷油

第10章　消防工程工程量计算规则

10.1　灭火系统

10.1.1　全统安装定额工程量计算规则

1. 水灭火系统

1）管道安装按设计管道中心长度，以"m"为计量单位，不扣除阀门、管件及各种组件所占长度。

2）喷头安装按有吊顶、无吊顶分别以"个"为计量单位。

3）报警装置安装按成套产品以"组"为计量单位。其他报警装置适用于雨淋、干湿两用及预作用报警装置，其安装执行湿式报警装置安装消耗量定额，其人工乘以系数1.2，其余不变。

4）成套产品包括的内容

（1）湿式报警装置（ZSS）包括：

湿式阀、蝶阀、装配管、供水压力表、装置压力表、试验阀、泄放试验阀、泄放试验管、试验管流量计、过滤器、延时器、水力警铃、报警截止阀、漏斗、压力开关等。

（2）干湿两用报警装置（ZSL）包括：

两用阀、蝶阀、装置截止阀、装配管、加速器、加速器压力表、供水压力表、试验阀、泄放试验阀（湿式）、泄放试验阀（干式）、挠性接头、泄放试验管、试验管流量计、排气阀、截止阀、漏斗、过滤器、延时器、水力警铃、压力开关等。

（3）电动雨淋报警装置（ZSY1）包括：

雨淋阀、蝶阀（2个）、装配管、压力表、泄放试验阀、流量表、截止阀、注水阀、止回阀、电磁阀、排水阀、手动应急球阀、报警试验阀、漏斗、压力开关、过滤器、水力警铃等。

（4）预作用报警装置（ZSU）包括：

干式报警阀、控制蝶阀（2个）、压力表（2块）、流量表、截止阀、排放阀、注水阀、止回阀、泄放阀、报警试验阀、液压切断阀、装配管、供水检验管、气压开关（2个）、试压电磁阀、应急手动试压器、漏斗、过滤器、水力警铃等。

（5）室内消火栓（SN）包括：

消火栓箱、消火栓、水枪、水龙带、水龙带接扣、挂架、消防按钮等。

（6）室外消火栓：

① 地上式（SS）包括：地上式消火栓、法兰接管、弯管底座等。

② 地下式（SX）包括：地下式消火栓、法兰接管、弯管底座或消火栓三通等。

（7）消防水泵接合器：

① 地上式（SQ）包括：消防接口本体、止回阀、安全阀、闸阀、弯管底座、放水阀等。

② 地下式(SQ)包括:消防接口本体、止回阀、安全阀、闸阀、弯管底座、放水阀等。

③ 墙壁式(SQB)包括:消防接口本体、止回阀、安全阀、闸阀、弯管底座、放水阀、标牌等。

(8)室内消火栓组合卷盘(SN)包括:

消火栓箱、消火栓、水枪、水龙带、水龙带接扣、挂架、消防按钮、消防软管卷盘等。

5)水流指示器、减压孔板安装、按不同规格均以"个"为计量单位。

6)末端试水装置按不同规格均以"组"为计量单位。

7)集热板制作安装均以"个"为计量单位。

8)室内消火栓安装,区分单栓和双栓以"套"为计量单位,所带消防按钮的安装另行计算。

9)室内消火栓组合卷盘安装,执行室内消火栓安装消耗量定额乘以系数1.2。

10)室外消火栓安装,区分不同规格、工作压力和覆土深度以"套"为计量单位。

11)消防水泵接合器安装,区分不同安装方式和规格以"套"为计量单位。如设计要求用短管时,可另行计算,其余不变。

12)隔膜式气压水罐安装,区分不同规格以"台"为计量单位。出入口法兰和螺栓按设计规定另行计算。

13)自动喷水灭火系统管网水冲洗,区分不同规格以"m"为计量单位。

2. 气体灭火系统

1)管道安装包括无缝钢管的螺纹连接、法兰连接、气动驱动装置管道安装及钢制管件的螺纹连接。

2)各种管道安装按设计管道中心长度,以"m"为计量单位,不扣除阀门、管件及各种组件所占长度,主材数量可按消耗量定额用量计算。

3)钢制管件螺纹连接均按不同规格以"个"为计量单位。

4)喷头安装均按不同规格以"个"为计量单位。

5)选择阀安装按不同规格和连接方式分别以"个"为计量单位。

3. 泡沫灭火系统

1)泡沫发生器安装均按不同型号以"台"为计量单位,法兰和螺栓按设计规定另行计算。

2)泡沫比例混合器安装均按不同型号以"台"为计量单位,法兰和螺栓按设计规定另行计算。

10.1.2　新旧工程量计算规则对比

灭火系统工程量清单项目及计算规则变化情况,见表10-1。

表 10-1　灭火系统

序号	"13 规范"项目名称、编码	"08 规范"项目名称、编码	变化情况
水灭火系统			
1	水喷淋钢管 (编码:030901001)	水喷淋镀锌钢管 (编码:030701001)	项目特征:变化 计量单位:不变 工程量计算规则:变化 工程内容:变化
		水喷淋镀锌无缝钢管 (编码:030701002)	
2	消火栓钢管 (编码:030901002)	消火栓镀锌钢管 (编码:030701003)	项目特征:变化 计量单位:不变 工程量计算规则:变化 工程内容:变化
		消火栓钢管 (编码:030701004)	

序号	"13规范"项目名称、编码	"08规范"项目名称、编码	变化情况
3	水喷淋(雾)喷头 (编码:030901003)	水喷头 (编码:030701011)	项目特征:变化 计量单位:不变 工程量计算规则:不变 工程内容:变化
4	报警装置 (编码:030901004)	报警装置 (编码:030701012)	项目特征:不变 计量单位:不变 工程量计算规则:变化 工程内容:不变
5	温感式水幕装置 (编码:030901005)	温感式水幕装置 (编码:030701013)	项目特征:变化 计量单位:不变 工程量计算规则:变化 工程内容:不变
6	水流指示器 (编码:030901006)	水流指示器 (编码:030701014)	项目特征:变化 计量单位:不变 工程量计算规则:不变 工程内容:不变
7	减压孔板 (编码:030901007)	减压孔板 (编码:030701015)	项目特征:变化 计量单位:不变 工程量计算规则:不变 工程内容:不变
8	末端试水装置 (编码:030901008)	末端试水装置 (编码:030701016)	项目特征:不变 计量单位:不变 工程量计算规则:变化 工程内容:不变
9	集热板制作安装 (编码:030901009)	集热板制作安装 (编码:030701017)	项目特征:变化 计量单位:不变 工程量计算规则:不变 工程内容:变化
10	室内消火栓 (编码:030901010)	消火栓 (编码:030701018)	项目特征:变化 计量单位:不变 工程量计算规则:变化 工程内容:变化
11	室外消火栓 (编码:030901011)		
12	消防水泵接合器 (编码:030901012)	消防水泵接合器 (编码:030701019)	项目特征:变化 计量单位:不变 工程量计算规则:变化 工程内容:变化
13	灭火器 (编码:030901013)	无	**新增**
14	消防水炮 (编码:030901014)	无	**新增**
气体灭火系统			
1	无缝钢管 (编码:030902001)	无缝钢管 (编码:030702001)	项目特征:变化 计量单位:不变 工程量计算规则:变化 工程内容:变化
2	不锈钢管 (编码:030902002)	不锈钢管 (编码:030702002)	项目特征:变化 计量单位:变化 工程量计算规则:变化 工程内容:变化

续表

序号	"13 规范"项目名称、编码	"08 规范"项目名称、编码	变化情况
3	不锈钢管管件 （编码:030902003）	无	**新增**
4	气体驱动装置管道 （编码:030902004）	气体驱动装置管道 （编码:030702004）	项目特征:**变化** 计量单位:不变 工程量计算规则:**变化** 工程内容:**变化**
5	选择阀 （编码:030902005）	选择阀 （编码:030702005）	项目特征:**变化** 计量单位:不变 工程量计算规则:不变 工程内容:不变
6	气体喷头 （编码:030902006）	气体喷头 （编码:030702006）	项目特征:**变化** 计量单位:不变 工程量计算规则:不变 工程内容:**变化**
7	贮存装置 （编码:030902007）	贮存装置 （编码:030702007）	项目特征:**变化** 计量单位:不变 工程量计算规则:**变化** 工程内容:**变化**
8	称重检漏装置 （编码:030902008）	二氧化碳称重检漏装置 （编码:030702008）	项目特征:**变化** 计量单位:不变 工程量计算规则:**变化** 工程内容:**变化**
9	无管网气体灭火装置 （编码:030903009）	无	**新增**
泡沫灭火系统			
1	碳钢管 （编码:030903001）	碳钢管 （编码:030703001）	项目特征:**变化** 计量单位:不变 工程量计算规则:**变化** 工程内容:**变化**
2	不锈钢管 （编码:030903002）	不锈钢管 （编码:030703002）	项目特征:**变化** 计量单位:不变 工程量计算规则:**变化** 工程内容:**变化**
3	铜管 （编码:030903003）	铜管 （编码:030703003）	项目特征:**变化** 计量单位:不变 工程量计算规则:**变化** 工程内容:**变化**
4	不锈钢管、铜管管件 （编码:030903004）	无	**新增**
5	铜管管件 （编码:030903005）	无	**新增**
6	泡沫发生器 （编码:030903006）	泡沫发生器 （编码:030703006）	项目特征:**变化** 计量单位:不变 工程量计算规则:不变 工程内容:**变化**

续表

序号	"13规范"项目名称、编码	"08规范"项目名称、编码	变化情况
7	泡沫比例混合器 （编码:030903007）	泡沫比例混合器 （编码:030703007）	项目特征:变化 计量单位:不变 工程量计算规则:不变 工程内容:变化
8	泡沫液贮罐 （编码:030903008）	泡沫液贮罐 （编码:030703008）	项目特征:变化 计量单位:不变 工程量计算规则:不变 工程内容:变化

10.1.3 "13规范"清单计价工程量计算规则

（1）水灭火系统（编码:030901）工程量清单项目设置及工程量计算规则,见表10-2。

表10-2　水灭火系统（编码:030901）

项目编码	项目名称	项目特征	计量单位	工程量计算规则	工作内容
030901001	水喷淋钢管	1. 安装部位 2. 材质、规格 3. 连接形式 4. 钢管镀锌设计要求 5. 压力试验及冲洗设计要求 6. 管道标识设计要求	m	按设计图示管道中心线以长度计算	1. 管道及管件安装 2. 钢管镀锌 3. 压力试验 4. 冲洗 5. 管道标识
030901002	消火栓钢管				
030901003	水喷淋 （雾）喷头	1. 安装部位 2. 材质、型号、规格 3. 连接形式 4. 装饰盘设计要求	个	按设计图示数量计算	1. 安装 2. 装饰盘安装 3. 严密性试验
030901004	报警装置	1. 名称 2. 型号、规格	组		1. 安装 2. 电气接线 3. 调试
030901005	温感式 水幕装置	1. 型号、规格 2. 连接形式			
030901006	水流指示器	1. 规格、型号 2. 连接形式	个		
030901007	减压孔板	1. 材质、规格 2. 连接形式			
030901008	末端试水 装置	1. 规格 2. 组装形式	组		
030901009	集热板 制作安装	1. 材质 2. 支架形式	个		1. 制作、安装 2. 支架制作、安装
030901010	室内消火栓	1. 安装方式 2. 型号、规格 3. 附件材质、规格	套		1. 箱体及消火栓安装 2. 配件安装
030901011	室外消火栓				1. 安装 2. 配件安装
030901012	消防水泵 接合器	1. 安装部位 2. 型号、规格 3. 附件材质、规格			1. 安装 2. 附件安装

续表

项目编码	项目名称	项目特征	计量单位	工程量计算规则	工作内容
030901013	灭火器	1. 形式 2. 规格、型号	具（组）	按设计图示数量 计算	设置
030901014	消防水炮	1. 水炮类型 2. 压力等级 3. 保护半径	台		1. 本体安装 2. 调试

（2）气体灭火系统（编码：030902）工程量清单项目设置及工程量计算规则，见表10-3。

表 10-3　气体灭火系统（编码：030902）

项目编码	项目名称	项目特征	计量单位	工程量计算规则	工作内容
030902001	无缝钢管	1. 介质 2. 材质、压力等级 3. 规格 4. 焊接方法 5. 钢管镀锌设计要求 6. 压力试验及吹扫设计要求 7. 管道标识设计要求	m	按设计图示管道中心线以长度计算	1. 管道安装 2. 管件安装 3. 钢管镀锌 4. 压力试验 5. 吹扫 6. 管道标识
030902002	不锈钢管	1. 材质、压力等级 2. 规格 3. 焊接方法 4. 充氩保护方式、部位 5. 压力试验及吹扫设计要求 6. 管道标识设计要求			1. 管道安装 2. 焊口充氩保护 3. 压力试验 4. 吹扫 5. 管道标识
030902003	不锈钢管管件	1. 材质、压力等级 2. 规格 3. 焊接方法 4. 充氩保护方式、部位	个	按设计图示数量计算	1. 管件安装 2. 管件焊口充氩保护
030902004	气体驱动装置管道	1. 材质、压力等级 2. 规格 3. 焊接方法 4. 压力试验及吹扫设计要求 5. 管道标识设计要求	m	按设计图示管道中心线以长度计算	1. 管道安装 2. 压力试验 3. 吹扫 4. 管道标识
030902005	选择阀	1. 材质 2. 型号、规格 3. 连接形式	个	按设计图示数量计算	1. 安装 2. 压力试验
030902006	气体喷头				喷头安装
030902007	贮存装置	1. 介质、类型 2. 型号、规格 3. 气体增压设计要求	套		1. 贮存装置安装 2. 系统组件安装 3. 气体增压
030902008	称重检漏装置	1. 型号 2. 规格			
030902009	无管网气体灭火装置	1. 类型 2. 型号、规格 3. 安装部位 4. 调试要求			1. 安装 2. 调试

（3）泡沫灭火系统（编码:030903）工程量清单项目设置及工程量计算规则,见表10-4。

表10-4　泡沫灭火系统（编码:030903）

项目编码	项目名称	项目特征	计量单位	工程量计算规则	工作内容
030903001	碳钢管	1. 材质、压力等级 2. 规格 3. 焊接方法 4. 无缝钢管镀锌设计要求 5. 压力试验、吹扫设计要求 6. 管道标识设计要求	m	按设计图示管道中心线以长度计算	1. 管道安装 2. 管件安装 3. 无缝钢管镀锌 4. 压力试验 5. 吹扫 6. 管道标识
030903002	不锈钢管	1. 材质、压力等级 2. 规格 3. 焊接方法 4. 充氩保护方式、部位 5. 压力试验、吹扫设计要求 6. 管道标识设计要求			1. 管道安装 2. 焊口充氩保护 3. 压力试验 4. 吹扫 5. 管道标识
030903003	铜管	1. 材质、压力等级 2. 规格 3. 焊接方法 4. 压力试验、吹扫设计要求 5. 管道标识设计要求			1. 管道安装 2. 压力试验 3. 吹扫 4. 管道标识
030903004	不锈钢管管件	1. 材质、压力等级 2. 规格 3. 焊接方法 4. 充氩保护方式、部位	个	按设计图示数量计算	1. 管件安装 2. 管件焊口充氩保护
030903005	铜管管件	1. 材质、压力等级 2. 规格 3. 焊接方法			管件安装
030903006	泡沫发生器	1. 类型 2. 型号、规格 3. 二次灌浆材料	台		1. 安装 2. 调试 3. 二次灌浆
030903007	泡沫比例混合器				
030903008	泡沫液贮罐	1. 质量/容量 2. 型号、规格 3. 二次灌浆材料			

10.2　火灾自动报警系统

10.2.1　全统安装定额工程量计算规则

（1）点型探测器按线制的不同分为多线制与总线制,不分规格、型号、安装方式与位置,以"只"为计量单位。探测器安装包括了探头和底座的安装及本体调试。

（2）红外线探测器以"只"为计量单位。红外线探测器是成对使用的,在计算时一对为两只。消耗量定额中包括了探头支架安装和探测器的调试、对中。

（3）火焰探测器、可燃气体探测器按线制的不同分为多线制与总线制两种,计算时不分规格、型号,安装方式与位置,以"只"为计量单位。探测器安装包括了探头和底座的安装及本体调试。

(4)线形探测器的安装方式按环绕、正弦及直线综合考虑,不分线制及保护形式,以"m"为计量单位。消耗量定额中未包括探测器连接的一只模块和终端,其工程量应按相应消耗量定额另行计算。

(5)按钮包括消火栓按钮、手动报警按钮、气体灭火起/停按钮,以"只"为计量单位,按照在轻质墙体和硬质墙体上安装两种方式综合考虑的。

(6)控制模块(接口)是指仅能起控制作用的模块(接口),亦称为中继器,依据其给出控制信号的数量,分为单输出和多输出两种形式。执行时不分安装方式,按照输出数量以"只"为计量单位。

(7)报警模块(接口)不起控制作用,只能起监视、报警作用,执行时不分安装方式,以"只"为计量单位。

(8)报警控制器按线制的不同分为多线制与总线制两种,其中又按其安装方式不同分为壁挂式和落地式。在不同线制、不同安装方式中按照"点"数的不同划分消耗量定额项目,以"台"为计量单位。多线制"点"是指报警控制器所带报警器件(探测器、报警按钮等)的数量。总线制"点"是指报警控制器所带有地址编码的报警器件(探测器、报警按钮、模块等)的数量。如果一个模块带数个探测器,则只能计为一点。

(9)联动控制器按线制的不同分为多线制与总线制两种,其中又按其安装方式不同分为壁挂式和落地式。在不同线制、不同安装方式中按"点"数的不同划分消耗量定额项目,以"台"为计量单位。

多线制"点"是指联动控制器所带联动设备的状态控制和状态显示的数量。

总线制"点"是指联动控制器所带的有控制模块(接口)的数量。

(10)报警联动一体机按线制的不同分为多线制与总线制两种,其中又按其安装方式不同分为壁挂式和落地式。在不同线制、不同安装方式中按照"点"数的不同划分消耗量定额项目,以"台"为计量单位。

多线制"点"是指报警联动一体机所带报警器件与联动设备的状态控制和状态显示的数量。

总线制"点"是指报警联动一体机所带的有地址编码的报警器件与控制模块(接口)的数量。

(11)重复显示器(楼层显示器)不分规格、型号、安装方式,按总线制与多线制划分,以"台"为计量单位。

(12)警报装置分为声光报警和警铃报警两种形式,均以"台"为计量单位。

(13)远程控制器按其控制回路数以"台"为计量单位。

(14)火灾事故广播中的功放机、录音机的安装按柜内及台上两种方式综合考虑,分别以"台"为计量单位。

(15)消防广播控制柜是指安装成套消防广播设备的成品机柜,不分规格、型号以"台"为计量单位。

(16)火灾事故广播中的扬声器不分规格、型号,按照吸顶式与壁挂式以"只"为计量单位。

(17)广播分配器是指单独安装的消防广播用分配器(操作盘),以"台"为计量单位。

(18)消防通讯系统中的电话交换机按"门"数不同以"台"为计量单位;通讯分机、插孔是指消防专用电话分机与电话插孔,不分安装方式,分别以"部"、"个"为计量单位。

(19)报警备用电源综合考虑了规格、型号,以"台"为计量单位。

10.2.2 新旧工程量计算规则对比

火灾自动报警系统工程量清单项目及计算规则变化情况,见表10-5。

表 10-5　火灾自动报警系统

序号	"13规范"项目名称、编码	"08规范"项目名称、编码	变化情况
1	点型探测器 (编码:030904001)	点型探测器 (编码:030705001)	项目特征:变化 计量单位:变化 工程量计算规则:不变 工程内容:变化
2	线型探测器 (编码:030904002)	线型探测器 (编码:030705002)	项目特征:变化 计量单位:不变 工程量计算规则:不变 工程内容:变化
3	按钮 (编码:030904003)	按钮 (编码:030705003)	项目特征:变化 计量单位:变化 工程量计算规则:不变 工程内容:变化
4	消防警铃(编码:030904004)	报警装置 (编码:030705009)	项目特征:变化 计量单位:变化 工程量计算规则:不变 工程内容:变化
5	声光报警器 (编码:030904005)		
6	消防报警电话插孔(电话) (编码:030904006)		
7	消防广播(扬声器) (编码:030904007)		
8	模块(模块箱) (编码:030904008)	模块(接口) (编码:030705004)	项目特征:变化 计量单位:变化 工程量计算规则:不变 工程内容:变化
9	区域报警控制箱 (编码:030904009)	报警控制器 (编码:030705005)	项目特征:变化 计量单位:变化 工程量计算规则:不变 工程内容:变化
10	联动控制箱 (编码:030904010)	联动控制器 (编码:030705006)	项目特征:变化 计量单位:不变 工程量计算规则:不变 工程内容:变化
11	远程控制箱(柜) (编码:030904011)	远程控制 器(编码:030705010)	项目特征:变化 计量单位:不变 工程量计算规则:不变 工程内容:变化
12	火灾报警系统控制主机 (编码:030904012)	无	**新增**
13	联动控制主机(编码:030904013)	无	**新增**
14	消防广播及对讲电话主机(柜) (编码:030904014)	无	**新增**
15	火灾报警控制微机(CRT) (编码:030904015)	无	**新增**
16	备用电源及电池主机(柜) (编码:030904016)	无	**新增**
17	报警联动一体机(编码:030904016)	无	**新增**

10.2.3 "13 规范"清单计价工程量计算规则

火灾自动报警系统(编码:030904)工程量清单项目设置及工程量计算规则,见表10-6。

表 10-6　火灾自动报警系统(编码:030904)

项目编码	项目名称	项目特征	计量单位	工程量计算规则	工作内容
030904001	点型探测器	1. 名称 2. 规格 3. 线制 4. 类型	个	按设计图示数量计算	1. 底座安装 2. 探头安装 3. 校接线 4. 编码 5. 探测器调试
030904002	线型探测器	1. 名称 2. 规格 3. 安装方式	m	按设计图示长度计算	1. 探测器安装 2. 接口模块安装 3. 报警终端安装 4. 校接线
030904003	按钮	1. 名称 2. 规格	个		1. 安装 2. 校接线 3. 编码 4. 调试
030904004	消防警铃				
030904005	声光报警器				
030904006	消防报警电话插孔(电话)	1. 名称 2. 规格 3. 安装方式	个(部)		
030904007	消防广播(扬声器)	1. 名称 2. 功率 3. 安装方式	个		
030904008	模块(模块箱)	1. 名称 2. 规格 3. 类型 4. 输出形式	个(台)		
030904009	区域报警控制箱	1. 多线制 2. 总线制 3. 安装方式 4. 控制点数量 5. 显示器类型	台	按设计图示数量计算	1. 本体安装 2. 校接线、摇测绝缘电组 3. 排线、绑扎、导线标识 4. 显示器安装 5. 调试
030904010	联动控制箱				
030904011	远程控制箱(柜)	1. 规格 2. 控制回路			
030904012	火灾报警系统控制主机				
030904013	联动控制主机	1. 规格、线制 2. 控制回路 3. 安装方式			1. 安装 2. 校接线 3. 调试
030904014	消防广播及对讲电话主机(柜)				
030904015	火灾报警控制微机(CRT)	1. 规格 2. 安装方式			1. 安装 2. 调试
030904016	备用电源及电池主机(柜)	1. 名称 2. 容量 3. 安装方式	套		1. 安装 2. 调试
030904017	报警联动一体机	1. 规格、线制 2. 控制回路 3. 安装方式	台		1. 安装 2. 校接线 3. 调试

10.3 消防系统调试

10.3.1 全统安装定额工程量计算规则

（1）自动报警系统包括各种探测器、报警按钮、报警控制器组成的报警系统，分别不同点数以"系统"为计量单位，其点数按多线制与总线制报警器的点数计算。

（2）水灭火系统控制装置按照不同点数以"系统"为计量单位，其点数按多线制与总线制联动控制器的点数计算。

（3）火灾事故广播、消防通讯系统中的消防广播喇叭、音箱和消防通讯的电话分机、电话插孔，按其数量以"个"为计量单位。

（4）消防用电梯与控制中心间的控制调试以"部"为计量单位。

（5）电动防火门、防火卷帘门指可由消防控制中心显示与控制的电动防火门、防火卷帘门，以"处"为计量单位，每樘为一处。

（6）正压送风阀、排烟阀、防火阀以"处"为计量单位，一个阀为一处。

（7）气体灭火系统装置调试包括模拟喷气试验、备用灭火器贮存容器切换操作试验，按试验容器的规格（L），分别以"个"为计量单位。试验容器的数量包括系统调试、检测和验收所消耗的试验容器的总数，试验介质不同时可以换算。

10.3.2 新旧工程量计算规则对比

消防系统调试工程量清单项目及计算规则变化情况，见表10-7。

表10-7 消防系统调试

序号	"13规范"项目名称、编码	"08规范"项目名称、编码	变化情况
1	自动报警系统装置调试 （编码：030905001）	自动报警系统装置调试 （编码：030706001）	项目特征：变化 计量单位：不变 工程量计算规则：变化 工程内容：不变
2	水灭火系统控制装置调试 （编码：030905002）	水灭火系统控制装置调试 （编码：030706002）	项目特征：变化 计量单位：不变 工程量计算规则：变化 工程内容：不变
3	防火控制装置联动调试 （编码：030905003）	防火控制装置联动调试 （编码：030706003）	项目特征：不变 计量单位：变化 工程量计算规则：变化 工程内容：变化
4	气体灭火系统装置调试 （编码：030905004）	气体灭火系统装置调试 （编码：030706004）	项目特征：变化 计量单位：变化 工程量计算规则：不变 工程内容：变化

10.3.3 "13规范"清单计价工程量计算规则

消防系统调试（编码：030905）工程量清单项目设置及工程量计算规则，见表10-8。

表 10-8　消防系统调试（编码:030905）

项目编码	项目名称	项目特征	计量单位	工程量计算规则	工作内容
030905001	自动报警系统调试	1. 点数 2. 线制	系统	按系统计算	系统调试
030905002	水灭火控制装置调试	系统形式	点	按控制装置的点数计算	调试
030905003	防火控制装置调试	1. 名称 2. 类型	个(部)	按设计图示数量计算	
030905004	气体灭火系统装置调试	1. 试验容器规格 2. 气体试喷	点	按调试、检验和验收所消耗的试验容器总数计算	1. 模拟喷气试验 2. 备用灭火器贮存容器切换操作试验 3. 气体试喷

第 11 章　刷油、防腐蚀、绝热工程 工程量计算规则

11.1　刷 油 工 程

11.1.1　全统安装定额工程量计算规则

（1）设备筒体、管道表面积计算公式：

$$S = \pi \times D \times L$$

式中　π——圆周率；

　　　D——设备或管道直径，m；

　　　L——设备筒体高或管道延长米，m。

（2）计算设备筒体、管道表面积时已包括各种管件、阀门、人孔、管口凹凸部分，不再另外计算。

11.1.2　新旧工程量计算规则对比

刷油工程工程量清单项目及计算规则变化情况，见表 11-1。

表 11-1　刷油工程

序号	"13 规范"项目名称、编码	"08 规范"项目名称、编码	变化情况
1	管道刷油 （编码：031201001）	无	新增
2	设备与矩形管道刷油 （编码：031201002）	无	新增
3	金属结构刷油 （编码：031201003）	无	新增
4	铸铁管、暖气片刷油 （编码：031201004）	无	新增
5	灰面刷油 （编码：031201005）	无	新增
6	布面刷油 （编码：031201006）	无	新增
7	气柜刷油 （编码：031201007）	无	新增
8	玛琋脂面刷油 （编码：031201008）	无	新增
9	喷漆 （编码：031201009）	无	新增

11.1.3 "13 规范"清单计价工程量计算规则

刷油工程(编码:031201)工程量清单项目设置及工程量计算规则,见表 11-2。

表 11-2　刷油工程(编码:031201)

项目编码	项目名称	项目特征	计量单位	工程量计算规则	工作内容
031201001	管道刷油	1. 除锈级别 2. 油漆品种 3. 涂刷遍数、漆膜厚度 4. 标志色方式、品种	1. m² 2. m	1. 以"m²"计量,按设计图示表面尺寸以面积计算 2. 以"m"计量,按设计图示尺寸以长度计算	1. 除锈 2. 调配、涂刷
031201002	设备与矩形管道刷油				
031201003	金属结构刷油	1. 除锈级别 2. 油漆品种 3. 结构类型 4. 涂刷遍数、漆膜厚度	1. m² 2. kg	1. 以"m²"计量,按设计图示表面积尺寸以面积计算 2. 以"kg"计量,按金属结构的理论质量计算	
031201004	铸铁管、暖气片刷油	1. 除锈级别 2. 油漆品种 3. 涂刷遍数、漆膜厚度	1. m² 2. m	1. 以"m²"计量,按设计图示表面积尺寸以面积计算 2. 以"m"计量,按设计图示尺寸以长度计算	
031201005	灰面刷油	1. 油漆品种 2. 涂刷遍数、漆膜厚度 3. 涂刷部位	m²	按设计图示表面积计算	调配、涂刷
031201006	布面刷油	1. 布面品种 2. 油漆品种 3. 涂刷遍数、漆膜厚度 4. 涂刷部位			
031201007	气柜刷油	1. 除锈级别 2. 油漆品种 3. 涂刷遍数、漆膜厚度 4. 涂刷部位			1. 涂锈 2. 调配、涂刷
031201008	玛琋脂面刷油	1. 除锈级别 2. 油漆品种 3. 涂刷遍数、漆膜厚度			调配、涂刷
031201009	喷漆	1. 除锈级别 2. 油漆品种 3. 涂涂遍数、漆膜厚度 4. 喷涂部位			1. 除锈 2. 调配、喷涂

11.2　防腐蚀涂料工程

11.2.1 全统安装定额工程量计算规则

1)设备筒体、管道表面积计算公式同刷油工程。

2)阀门、弯头、法兰表面积计算公式:

(1)阀门表面积计算公式:

$$S = \pi \times D \times 2.5D \times K \times N$$

式中　D——直径,mm;

　　　K——1.05;

　　　N——阀门个数,个。

(2)弯头表面积计算公式:

$$S = \pi \times D \times 1.5D \times K \times 2\pi \times N/B$$

式中　　D——直径,mm;

　　　　K——1.05;

　　　　N——弯头个数,个;

B 值取定为——90°弯头 $B = 4$;45°弯头 $B = 8$。

(3)法兰表面积计算公式:

$$S = \pi \times D \times 1.5D \times K \times N$$

式中　D——直径,mm;

　　　K——1.05;

　　　N——法兰个数,个。

3)设备和管道法兰翻边防腐蚀工程量计算公式:

$$S = \pi \times (D + A) \times A$$

式中　D——直径,mm;

　　　A——法兰翻边宽,mm。

4)带封头的设备防腐(或刷油)工程量计算公式:

$$S = L \times \pi \times D + (D/2)^2 \times \pi \times 1.5 \times N$$

式中　N——封头个数.个;

　　　1.5——系数值。

11.2.2　新旧工程量计算规则对比

防腐蚀涂料工程工程量清单项目及计算规则变化情况,见表11-3。

表11-3　防腐蚀涂料工程

序号	"13 规范"项目名称、编码	"08 规范"项目名称、编码	变化情况
1	设备防腐蚀 (编码:031202001)	无	**新增**
2	管道防腐蚀 (编码:031202002)	无	**新增**
3	一般钢结构防腐蚀 (编码:031202003)	无	**新增**
4	管廊钢结构防腐蚀 (编码:031202004)	无	**新增**
5	防火涂料 (编码:031202005)	无	**新增**
6	H 型钢制钢结构防腐蚀 (编码:031202006)	无	**新增**
7	金属油罐内壁防静电 (编码:031202007)	无	**新增**
8	埋地管道防腐蚀 (编码:031202008)	无	**新增**

序号	"13规范"项目名称、编码	"08规范"项目名称、编码	变化情况	
9	环氧煤沥青防腐蚀 (编码:031202009)	无		新增
10	涂料聚合一次 (编码:031202010)	无		新增

11.2.3　"13规范"清单计价工程量计算规则

防腐蚀涂料工程(编码:031201)工程量清单项目设置及工程量计算规则,见表11-4。

表11-4　防腐蚀涂料工程(编码:031201)

项目编码	项目名称	项目特征	计量单位	工程量计算规则	工作内容
031202001	设备防腐蚀		m²	按设计图示表面积计算	
031202002	管道防腐蚀	1. 除锈级别 2. 涂刷(喷)品种 3. 分层内容 4. 涂刷(喷)遍数、漆膜厚度	1. m² 2. m	1. 以"m²"计量,按设计图示表面积尺寸以面积计算 2. 以"m"计量,按设计图示尺寸以长度计算	
031202003	一般钢结构防腐蚀		kg	按一般钢结构的理论质量计算	1. 除锈 2. 调配、涂刷(喷)
031202004	管廊钢结构防腐蚀			按管廊钢结构的理论质量计算	
031202005	防火涂料	1. 除锈级别 2. 涂刷(喷)品种 3. 涂刷(喷)遍数、漆膜厚度 4. 耐火极限(h) 5. 耐火厚度(mm)	m²	按设计图示表面积计算	
031202006	H型钢制钢结构防腐蚀	1. 除锈级别 2. 涂刷(喷)品种 3. 分层内容 4. 涂刷(喷)遍数、漆膜厚度			
031202007	金属油罐内壁防静电				
031202008	埋地管道防腐蚀	1. 除锈级别 2. 刷缠品种 3. 分层内容 4. 刷缠遍数	1. m² 2. m	1. 以"m²"计量,按设计图示表面积尺寸以面积计算 2. 以"m"计量,按设计图示尺寸以长度计算	1. 除锈 2. 刷油 3. 防腐蚀 4. 缠保护层
031202009	环氧煤沥青防腐蚀				1. 除锈 2. 涂刷、缠玻璃布
031202010	涂料聚合一次	1. 聚合类型 2. 聚合部位	m²	按设计图示表面积计算	聚合

11.3　手工糊衬玻璃钢工程

11.3.1　新旧工程量计算规则对比

手工糊衬玻璃钢工程工程量清单项目及计算规则变化情况,见表11-5。

表 11-5　手工糊衬玻璃钢工程

序号	"13规范"项目名称、编码	"08规范"项目名称、编码	变化情况
1	碳钢设备糊衬 （编码:031203001）	无	新增
2	塑料管道增强糊衬 （编码:031203002）	无	新增
3	各种玻璃钢聚合 （编码:031203003）	无	新增

11.3.2　"13规范"清单计价工程量计算规则

手工糊衬玻璃钢工程(编码:031203)工程量清单项目设置及工程量计算规则,见表11-6。

表 11-6　手工糊衬玻璃钢工程(编码:031203)

项目编码	项目名称	项目特征	计量单位	工程量计算规则	工作内容
031203001	碳钢设备糊衬	1. 除锈级别 2. 糊衬玻璃钢品种 3. 分层内容 4. 糊衬玻璃钢遍数	m²	按设计图示表面积计算	1. 除锈 2. 糊衬
031203002	塑料管道增强糊衬	1. 糊衬玻璃钢品种 2. 分层内容 3. 糊衬玻璃钢遍数			糊衬
031203003	各种玻璃钢聚合	聚合次数			聚合

11.4　橡胶板及塑料板衬里工程

11.4.1　新旧工程量计算规则对比

橡胶板及塑料板衬里工程工程量清单项目及计算规则变化情况,见表11-7。

表 11-7　橡胶板及塑料板衬里工程

序号	"13规范"项目名称、编码	"08规范"项目名称、编码	变化情况
1	塔、槽类设备衬里 （编码:031204001）	无	新增
2	锥形设备衬里 （编码:031204002）	无	新增
3	多孔板衬里 （编码:031204003）	无	新增
4	管道衬里 （编码:031204004）	无	新增
5	阀门衬里 （编码:031204005）	无	新增
6	管件衬里 （编码:031204006）	无	新增
7	金属表面衬里 （编码:031204007）	无	新增

11.4.2 "13 规范"清单计价工程量计算规则

橡胶板及塑料板衬里工程(编码:031204)工程量清单项目设置及工程量计算规则,见表 11-8。

表 11-8　橡胶板及塑料板衬里工程(编码:031204)

项目编码	项目名称	项目特征	计量单位	工程量计算规则	工作内容
031204001	塔、槽类设备衬里	1. 除锈级别 2. 衬里品种 3. 衬里层数 4. 设备直径	m²	按图示表面积计算	1. 除锈 2. 刷浆贴衬、硫化、硬度检查
031204002	锥形设备衬里				
031204003	多孔板衬里	1. 除锈级别 2. 衬里品种 3. 衬里层数			
031204004	管道衬里	1. 除锈级别 2. 衬里品种 3. 衬里层数 4. 管道规格			
031204005	阀门衬里	1. 除锈级别 2. 衬里品种 3. 衬里层数 4. 阀门规格			
031204006	管件衬里	1. 除锈级别 2. 衬里品种 3. 衬里层数 4. 名称、规格			
031204007	金属表面衬里	1. 除锈级别 2. 衬里品种 3. 衬里层数			1. 除锈 2. 刷浆贴衬

11.5　衬铅及搪铅工程

11.5.1 新旧工程量计算规则对比

衬铅及搪铅工程工程量清单项目及计算规则变化情况,见表 11-9。

表 11-9　衬铅及搪铅工程

序号	"13 规范"项目名称、编码	"08 规范"项目名称、编码	变化情况
1	设备衬铅 (编码:031205001)	无	**新增**
2	型钢及支架包铅 (编码:031205002)	无	**新增**
3	设备封头、底搪铅 (编码:031205003)	无	**新增**
4	搅拌叶轮、轴类搪铅 (编码:031205004)	无	**新增**

11.5.2 "13 规范"清单计价工程量计算规则

衬铅及搪铅工程(编码:031205)工程量清单项目设置及工程量计算规则,见表 11-10。

表 11-10　衬铅及搪铅工程（编码:031205）

项目编码	项目名称	项目特征	计量单位	工程量计算规则	工作内容
031205001	设备衬铅	1. 除锈级别 2. 衬铅方法 3. 铅板厚度	m²	按图示表面积计算	1. 除锈 2. 衬铅
031205002	型钢及支架包铅	1. 除锈级别 2. 铅板厚度			1. 除锈 2. 包铅
031205003	设备封头、底搪铅	1. 除锈级别 2. 搪层厚度			1. 除锈 2. 焊铅
031205004	搅拌叶轮、轴类搪铅				

11.6　喷镀（涂）工程

11.6.1　新旧工程量计算规则对比

喷镀（涂）工程（工程量清单项目及计算规则变化情况,见表 11-11。

表 11-11　喷镀（涂）工程

序号	"13 规范"项目名称、编码	"08 规范"项目名称、编码	变化情况
1	设备喷镀（涂） （编码:031206001）	无	**新增**
2	管道喷镀（涂） （编码:031206002）	无	**新增**
3	型钢喷镀（涂） （编码:031206003）	无	**新增**
4	一般钢结构喷（涂）塑 （编码:031206004）	无	**新增**

11.6.2　"13 规范"清单计价工程量计算规则

喷镀（涂）工程（编码:031206）工程量清单项目设置及工程量计算规则,见表 11-12。

表 11-12　喷镀（涂）工程（编码:031206）

项目编码	项目名称	项目特征	计量单位	工程量计算规则	工作内容
031206001	设备喷镀（涂）	1. 除锈 级别 2. 喷镀（涂）品种 3. 喷镀（涂）厚度 4. 喷镀（涂）层数	1. m² 2. kg	1. 以"m²"计量,按设备图示表面积计算 2. 以"kg"计量,按设备零部件质量计量	1. 除锈 2. 喷镀（涂）
031206002	管道喷镀（涂）		m²	按图示表面积计算	
031206003	型钢喷镀（涂）				
031206004	一般钢结构喷（涂）塑	1. 除锈级别 2. 喷（涂）塑品种	kg	按图示金属结构质量计算	1. 除锈 2. 喷（涂）塑

11.7 耐酸砖、板衬里工程

11.7.1 新旧工程量计算规则对比

耐酸砖、板衬里工程工程量清单项目及计算规则变化情况,见表 11-13。

表 11-13 耐酸砖、板衬里工程

序号	"13 规范"项目名称、编码	"08 规范"项目名称、编码	变化情况
1	圆形设备耐酸砖、板衬里 (编码:031207001)	无	新增
2	矩形设备耐酸砖、板衬里 (编码:031207002)	无	新增
3	锥(塔)形设备耐酸砖、板衬里 (编码:031207003)	无	新增
4	供水管内衬 (编码:031207004)	无	新增
5	衬石墨管接 (编码:031207005)	无	新增
6	铺衬石棉板 (编码:031207006)	无	新增
7	耐酸砖板衬砌体热处理 (编码:031207007)	无	新增

11.7.2 "13 规范"清单计价工程量计算规则

耐酸砖、板衬里工程(编码:031207)工程量清单项目设置及工程量计算规则,见表 11-14。

表 11-14 耐酸砖、板衬里工程(编码:031207)

项目编码	项目名称	项目特征	计量单位	工程量计算规则	工作内容
031207001	圆形设备耐酸砖、板衬里	1. 除锈级别 2. 衬里品种 3. 砖厚度、规格 4. 板材规格 5. 设备形式 6. 设备规格 7. 抹面厚度 8. 涂刮面材质	m²	按图示表面积计算	1. 除锈 2. 衬砌 3. 抹面 4. 表面涂刮
031207002	矩形设备耐酸砖、板衬里	1. 除锈级别 2. 衬里品种 3. 砖厚度、规格 4. 板材规格 5. 设备规格 6. 抹面厚度 7. 涂刮面材质			
031207003	锥(塔)形设备耐酸砖、板衬里				
031207004	供水管内衬	1. 衬里品种 2. 材料材质 3. 管道规格型号 4. 衬里厚度			1. 衬里 2. 养护

项目编码	项目名称	项目特征	计量单位	工程量计算规则	工作内容
031207005	衬石墨管接	规格	个	按图示数量计算	安装
031207006	铺衬石棉板	部位	m²	按图示表面积计算	铺衬
031207007	耐酸砖板衬砌体热处理				1. 安装电炉 2. 热处理

11.8 绝 热 工 程

11.8.1 全统安装定额工程量计算规则

1)设备筒体或管道绝热、防潮和保护层计算公式：

$$V = \pi \times (D + 1.033\delta) \times 1.033\delta$$
$$S = \pi \times (D + 2.1\delta + 0.0082) \times L$$

式中 D——直径,mm;

1.033、2.1——调整系数;

δ——绝热层厚度,mm;

L——设备筒体或管道长,m;

0.0082——捆扎线直径或钢带厚。

2)伴热管道绝热工程量计算式：

(1)单管伴热或双管伴热(管径相同,夹角小于90°时);

$$D' = D_1 + D_2 + (10 \sim 20mm)$$

式中 D'——伴热管道综合值,mm;

D_1——主管道直径,mm;

D_2——伴热管道直径,mm;

(10～20mm)——主管道与伴热管道之间的间隙。

(2)双管伴热(管径相同,夹角大于90°时):

$$D' = D_1 + 1.5D_2 + (10 \sim 20mm)$$

(3)双管伴热(管径不同,夹角小于90°时):

$$D' = D_1 + D_{伴热} + (10 \sim 20mm)$$

式中 D'——伴热管道综合值,mm;

D_1——主管道直径,mm。

将上述 D' 计算结果分别代入相应公式计算出伴热管道的绝热层、防潮层和保护层工程量。

3)设备封头绝热、防潮和保护层工程量计算式：

$$V = [(D + 1.033\delta)/2]2\pi \times 1.033\delta \times 1.5 \times N$$
$$S = [(D + 2.1\delta)/2]2 \times \pi \times 1.5 \times N$$

4）阀门绝热、防潮和保护层计算公式：

$$V = \pi(D + 1.033\delta) \times 2.5D \times 1.033\delta \times 1.05 \times N$$

$$S = \pi(D + 2.1\delta) \times 2.5D \times 1.05 \times N$$

5）法兰绝热、防潮和保护层计算公式：

$$V = \pi(D + 1.033\delta) \times 1.5D \times 1.033\delta \times 1.05 \times N$$

$$S = \pi \times (D + 2.1\delta) \times 1.5D \times 1.05 \times N$$

6）弯头绝热、防潮和保护层计算公式：

$$V = \pi(D + 1.033\delta) \times 1.5D \times 2\pi \times 1.033\delta \times N/B$$

$$S = \pi \times (D + 2.1\delta) \times 1.5D \times 2\pi \times N/B$$

式中　　B 值：90°弯头 $B = 4$；45°弯头 $B = 8$。

7）拱顶罐封头绝热、防潮和保护层计算公式：

$$V = 2\pi r \times (h + 1.033\delta) \times 1.033\delta$$

$$S = 2\pi r \times (h + 2.1\delta)$$

8）绝热工程中绝热层以"m^3"为计量单位；防潮层、保护层以"$10m^2$"为计量单位。计算设备、管道内壁防腐蚀工程量时，当壁厚大于等于 10mm 时，按其内径计算；当壁厚小于 10mm 时，按其外径计算。

11.8.2　新旧工程量计算规则对比

绝热工程工程量清单项目及计算规则变化情况，见表 11-15。

表 11-15　绝热工程

序号	"13 规范"项目名称、编码	"08 规范"项目名称、编码	变化情况
1	设备绝热 （编码:031208001）	无	**新增**
2	管道绝热 （编码:031208002）	无	**新增**
3	通风管道绝热 （编码:031208003）	无	**新增**
4	阀门绝热 （编码:031208004）	无	**新增**
5	法兰绝热 （编码:031208005）	无	**新增**
6	喷涂、涂抹 （编码:031208006）	无	**新增**
7	防潮层、保护层 （编码:031208007）	无	**新增**
8	保温盒、保温托盘 （编码:031208008）	无	**新增**

11.8.3　"13 规范"清单计价工程量计算规则

绝热工程（编码:031208）工程量清单项目设置及工程量计算规则，见表 11-16。

表 11-16 绝热工程(编码:031208)

项目编码	项目名称	项目特征	计量单位	工程量计算规则	工作内容
031208001	设备绝热	1. 绝热材料品种 2. 绝热厚度 3. 设备形式 4. 软木品种	m²	按图示表面积加绝热层厚度及调整系数计算	1. 安装 2. 软木制品安装
031208002	管道绝热	1. 绝热材料品种 2. 绝热厚度 3. 管道外径 4. 软木品种			
031208003	通风管道绝热	1. 绝热材料品种 2. 绝热厚度 3. 软木品种	1. m³ 2. m²	1. 以"m³"计量,按图示表面积加绝热层厚度及调整系数计算 2. 以"m²"计量,按图示表面积及调整系数计算	
031208004	阀门绝热	1. 绝热材料 2. 绝热厚度 3. 阀门规格	m³	按图示表面积加绝热层厚度及调整系数计算	安装
031208005	法兰绝热	1. 绝热材料 2. 绝热厚度 3. 法兰规格			
031208006	喷涂、涂抹	1. 材料 2. 厚度 3. 对象	m²	按图示表面积计算	喷涂、涂抹安装
031208007	防潮层、保护层	1. 材料 2. 厚度 3. 层数 4. 对象 5. 结构形式	1. m² 2. kg	1. 以"m²"计量,按图示表面积加绝热层厚度及调整系数计算 2. 以"kg"计量,按图示金属结构质量计算	安装
031208008	保温盒、保温托盘	名称			制作、安装

11.9 管道补口补伤工程

11.9.1 新旧工程量计算规则对比

管道补口补伤工程工程量清单项目及计算规则变化情况,见表 11-17。

表 11-17 管道补口补伤工程

序号	"13 规范"项目名称、编码	"08 规范"项目名称、编码	变化情况
1	刷油(编码:031209001)	无	**新增**
2	防腐蚀(编码:031209002)	无	**新增**
3	绝热(编码:031209003)	无	**新增**
4	管道热缩套管(编码:031209004)	无	**新增**

11.9.2 "13 规范"清单计价工程量计算规则

管道补口补伤工程(编码:031209)工程量清单项目设置及工程量计算规则,见表 11-18。

表 11-18　管道补口补伤工程（编码:031209）

项目编码	项目名称	项目特征	计量单位	工程量计算规则	工作内容
031209001	刷油	1. 除锈级别 2. 油漆品种 3. 涂刷遍数 4. 管外径	1. m² 2. 口	1. 以"m²"计量,按设计图示表面积尺寸以面积计算 2. 以"口"计量,按设计图示数量计算	1. 除锈、除油污 2. 涂刷
031209002	防腐蚀	1. 除锈级别 2. 材料 3. 管外径			
031209003	绝热	1. 绝热材料品种 2. 绝热厚度 3. 管道外径			安装
031209004	管道热缩套管	1. 除锈级别 2. 热缩管品种 3. 热缩管规格	m²	按图示表面积计算	1. 除锈 2. 涂刷

11.10　阴极保护及牺牲阳极

11.10.1　新旧工程量计算规则对比

阴极保护及牺牲阳极工程量清单项目及计算规则变化情况,见表 11-19。

表 11-19　阴极保护及牺牲阳极

序号	"13 规范"项目名称、编码	"08 规范"项目名称、编码	变化情况
1	阴极保护（编码:031210001）	无	**新增**
2	阳极保护（编码:031210002）	无	**新增**
3	牺牲阳极（编码:031210003）	无	**新增**

11.10.2　"13 规范"清单计价工程量计算规则

阴极保护及牺牲阳极（编码:031210）工程量清单项目设置及工程量计算规则,见表 11-20。

表 11-20　阴极保护及牺牲阳极（编码:031210）

项目编码	项目名称	项目特征	计量单位	工程量计算规则	工作内容
031210001	阴极保护	1. 仪表名称、型号 2. 检查头数量 3. 通电点数量 4. 电缆材质、规格、数量 5. 调试类别	站	按图示数量计算	1. 电气仪表安装 2. 检查头、通电点制作安装 3. 焊点绝缘防腐 4. 电缆敷设 5. 系统调试
031210002	阳极保护	1. 废钻杆规格、数量 2. 均压线材质、数量 3. 阳极材质、规格	个		1. 挖、填土 2. 废钻杆敷设 3. 均压线敷设 4. 阳极安装
031210003	牺牲阳极	材质、袋装数量			1. 挖、填土 2. 合金棒安装 3. 焊点绝缘防腐

第12章　通用安装工程工程量清单计算实例

12.1　熟悉工程概况、施工图与施工说明

　　某给排水工程是有三个单元的五层住宅楼,每单元为10住户。工程由给水系统、热水系统和排水系统三部分组成。工程提供了六张施工设计图纸:中间单元底层给水、热水、排水工程平面图(图12-1);厨房给水、热水、排水工程平面图(图12-2);卫生间给水、热水、排水工程平面图(图12-3);中间单元给水系统轴测图(图12-4);中间单元热水系统轴测图(图12-5);中间单元排水系统轴测图(仅右边五层用户,图12-6)。

　　给水系统,由户外阀门井埋地引入自来水供水管道,通过立管经各户横支管上的水表向其厨房和卫生间设备供水。热水系统,由小区换热站经地沟引入热水管道,并通过立管经各户热水表,由横支管向其厨房洗涤盆和卫生间洗脸盆、浴盆设备供水;而热水回水由立管返回地沟,通向小区换热站。排水系统,是由卫生间与厨房的排水管道,经不同排水立管,再经其排出管引至室外化粪池。)

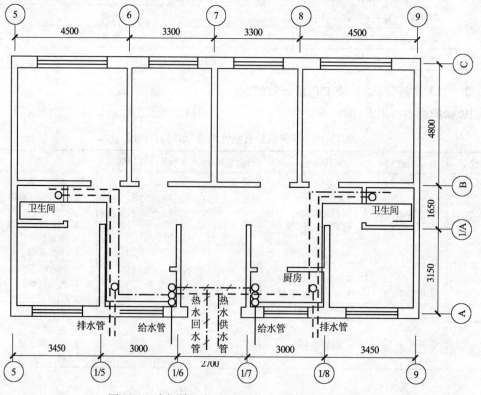

图 12-1　中间单元底层给水、热水、排水工程平面图

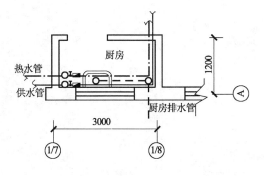

图 12-2 厨房给水、热水、排水工程平面图

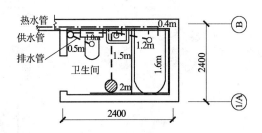

图 12-3 卫生间给水、热水、排水工程平面图

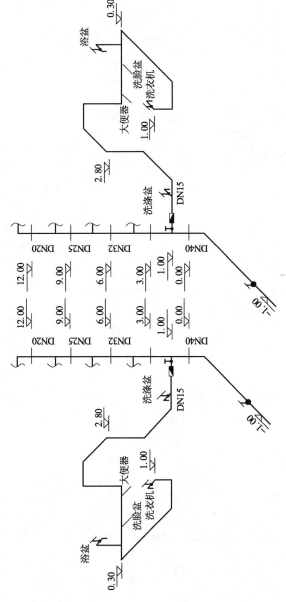

图 12-4 中间单元给水系统轴测图

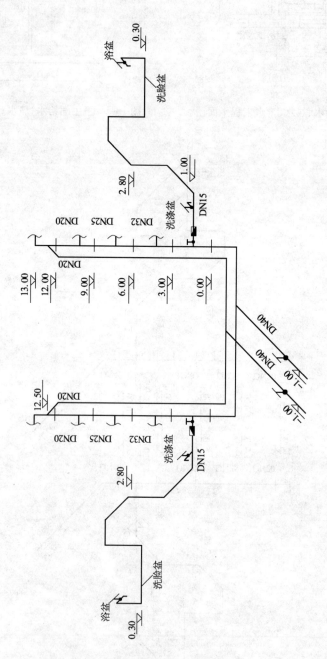

图 12-5　中间单元热水系统轴测图

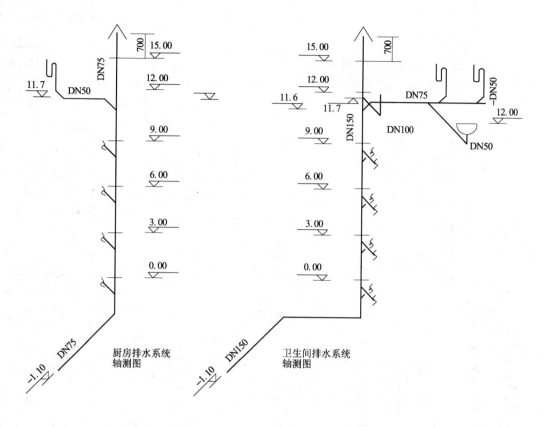

图 12-6　中间单元排水系统轴测图（仅右边五层用户）

12.2　编　制　依　据

本给排水工程清单计价主要编制依据有：

采用《建筑工程建筑面积计算规范》（GB/T 50353—2005）、《通用安装工程工程量计算规范》（GB 50856—2013）及全国统一安装工程定额等国家和工程所在地区有关工程造价的文件。

12.3 计价表格

表 12-1　分部分项工程量清单综合单价分析表

工程名称：某住宅楼给排水工程　　　　　　　　　　　　　　　　　　　　　　　　　　　　第　页　共　页

序号	项目编码	项目名称	定额编号	工作内容	单位	数量	综合单价组成					合价	综合单价
							人工费	材料费	机械费	管理费	利润		
1	030100100 1001	镀锌钢管	8-87	安装	m	1387	5.17	20.79	0			26158.42	18.86
				DN15	10m	109.3	47.58	1.02×6		22.36	6.66	10644.73	
			8-88	安装	m	1093		21.32	0			6689.16	
				DN20	10m	12.9	47.58	1.02×8		22.36	6.66	1259.30	
			8-89	安装	m	129		25.75	0.87			1238.40	
				DN25	10m	3.6	57.20	1.02×10		26.88	8.01	427.36	
			8-90	安装	m	36		28.39	0.87			367.20	
				DN32	10m	3.6	57.20	1.02×14		26.88	8.01	436.86	
			8-91	安装	m	36		25.94	0.87			514.08	
				DN40	10m	9.3	68.12	1.02×18		32.02	9.54	1269.36	
					m	93						1707.48	
			8-230	消毒冲洗	100m	7.13	13.52	14.18	0	6.35	1.89	256.26	
			8-230 调	冲洗	100m	6.24	13.52	14.18-0.18	0	6.35	1.89	223.14	
			11-72	刷热沥青第一遍	10m²	0.3	20.83	53.02	0	9.79	2.92	25.97	
			11-73	刷热沥青第二遍	10m²	0.3	10.30	24.03	0	4.84	1.44	12.18	
			11-250	刷沥青漆第一遍	10m²	1.5	20.12	2.66	0	9.46	2.82	52.50	
				沥青漆	kg	15		5.2×2.5				19.5	
			11-251	刷沥青漆第二遍	10m²	1.5	17.08	2.06	0	8.03	2.39	44.34	
				沥青漆	kg	15		5.2×2.5				19.5	
			11-2153	保护层安装	10m²	1.5	11.00	0.11	0	5.17	1.54	26.73	
				玻璃丝布	m²	15		1.4×15				315.00	
			11-1891	绝热瓦块安装	m³	0.4	108.58	311.70	6.92	51.03	15.20	197.37	
				泡沫塑料	m³	0.4		1.03×1000				412.00	

续表

序号	项目编码	项目名称	定额编号	工作内容	单位	数量	综合单价组成					合价	综合单价
							人工费	材料费	机械费	管理费	利润		
				安装	m	493.5	8.95	68.49		27.37	8.15	32165.4	65.18
			8－144	DN50	10m	13.44	58.24	0.88×25	0			2180.64	
				安装	m	134.4				32.75	9.76	2956.80	
			8－145	DN75	10m	18.18	69.98	155.06	0			4858.61	
				安装	m	181.8		0.93×30				5072.22	
			8－146	DN100	10m	2.7	89.96	257.28	0	42.28	12.59	1085.70	
		铸铁管		安装	m	27		0.89×40				961.20	
2	031001005001		8－147	DN150	10m	15.03	95.42	237.93	0	44.85	13.36	5885.15	
					m	150.3		0.96×50				7214.40	
			11－198	刷红丹第一遍	10m²	13.9	7.72	1.56	0	3.36	1.08	108.00	
				醇酸防锈漆	kg			1.05×10				145.95	
			11－200	刷银粉第一遍	10m²	13.9	7.96	5.57	0	3.74	1.11	255.48	
				酚醛清漆	kg			0.45×12				75.06	
			11－201	刷银粉第二遍	10m²	13.9	7.72	4.19	0	3.63	1.08	241.03	
				酚醛清漆	kg			0.41×12				68.38	
			11－206	刷沥青漆第一遍	10m²	5.4	25.51	53.02	0	11.99	3.57	508.09	
			11－207	刷沥青漆第二遍	10m²	5.4	12.17	24.12	0	5.72	1.70	236.03	
			11－1	手工除锈	10m²	19.3	7.96	3.39	0	3.74	1.11	312.66	
				套管制作安装	m	36	3.28		2.00	8.68	2.58	919.84	25.55
			8－23	DN32 钢管	10m	0.9	18.46	3.26				31.48	
3	031001002001	钢管		套管制作安装	m	9		1.015×14	2.00	9.04	2.69	127.89	
			8－24	DN40 钢管	10m	1.8	19.24	3.57				65.77	
				套管制作安装	m	18		1.015×18	2.00	10.51	3.13	328.86	
			8－25	DN50 钢管	10m	0.9	22.36	7.21				40.67	
					m	9		10.15×22				200.97	
			8－169	DN25 镀锌铁皮套管	个	60	0.78	0.81	0	0.37	0.11	124.20	

续表

序号	项目编码	项目名称	定额编号	工作内容	单位	数量	综合单价组成					合价	综合单价
							人工费	材料费	机械费	管理费	利润		
4	031002001001	管道支架制作安装			kg	69	4.30					1442.4	20.90
			8-178	支架制作安装	100kg	0.692	263.64	146.62	434.71	123.91	36.91	696.01	
				型钢	kg			106×3.6				264.07	
			11-122	刷银粉第一遍	100kg	4	5.15	3.88	7.13	2.42	0.72	77.20	
				酚醛清漆	kg	4		0.25×12				12.00	
			11-123	刷银粉第二遍	100kg	4	5.15	3.22	7.13	2.42	0.72	74.56	
				酚醛清漆	kg	4		0.23×12				11.04	
			11-117	刷红丹第一遍	100kg	4	5.38	1.14	7.13	2.53	0.75	67.72	
				醇酸防锈漆	kg	4		1.16×10				46.40	
			11-118	刷红丹第二遍	100kg	4	5.15	0.99	7.13	2.42	0.72	65.64	
				醇酸防锈漆	kg	4		0.95×10				38.00	
			11-7	手工除锈	100kg	4	7.96	2.50	7.13	3.74	1.11	89.76	
5	031003001001	螺纹阀门			个	12	6.50					654.84	54.50
			8-245	螺纹闸阀安装	个	12	6.50	8.75	0	3.06	0.91	230.64	
				螺纹阀门	个	12		1.01×35				424.20	
6	031003013001	水表			组	60	8.84					3895.2	64.92
			8-357	水表安装	组	60	8.84	10.69	0	4.51	1.24	1495.2	
				水表	组	60		40.0				2400	
7	031004001001	浴盆			组	30	28.99					22700	755.00
			8-376	浴盆安装	10组	3	289.90	174.29	0	136.25	40.59	1923.09	
				浴盆	组	30		600+90×1.01				20727	
8	031004003001	洗脸盆			组	30	16.93					6440.49	215.76
			8-384	洗脸盆安装	10组	3	169.26	673.12	0	79.55	23.70	2836.89	
				洗脸盆	组	30		120×1.01				3636	

续表

序号	项目编码	项目名称	定额编号	工作内容	单位	数量	综合单价组成					合价	综合单价
							人工费	材料费	机械费	管理费	利润		
9	031004004001	洗涤盆		洗涤盆安装	组	30	11.99					4725.12	157.50
			8－392	洗涤盆	10 组	3	119.86	372.07	0	56.33	16.78	1695.12	
				洗涤盆	组	30		100×1.01				3030	
10	031004006001	大便器		座式大便器安装	组	30	17.65					22136.19	737.87
			8－416	大便器	10 组	3	176.54	24.50	0	82.97	24.72	926.19	
				大便器	组	30		700×1.01				21210	
11	031004014001	水龙头		水龙头安装	个	30	0.73	0.95		3.42	1.02	683.01	22.77
			8－438	水龙头	10 个	3	7.28	0.95	0	3.42	1.02	380.01	
				水龙头	个	30		10×1.01				303	
12	031004014002	地漏		地漏安装	个	30	4.16	18.41		19.55	5.82	706.14	23.54
			8－447	地漏	个	3	41.60	18.41	0	19.55	5.82	256.14	
				地漏	个	30		15				450	
13	031004014003	地面扫除口		地面扫除口安装	个	30	1.95	1.12		9.17	2.73	397.56	13.25
			8－451	地面扫除口	10 个	3	19.50	1.12	0	9.17	2.73	97.56	
				地面扫除口	个	30		10				300	

表12-2 含主材的分部分项工程量清单报价表

工程名称:某住宅楼给排水工程 　　　　　　　　　　　　　　　　　　　　　　　　　第 页共 页

序号	项目编码	项目名称	计量单位	工程数量	综合单价	合价	人工费(元)	
							单价	合价
1	031001001001	镀锌钢管	m	1387	18.86	26158.42	5.17	7165.47
2	031001005001	承插铸铁管	m	493.5	65.18	32165.4	8.95	4416.83
3	031001002001	钢管	m	36	25.55	919.84	3.28	118.08
4	031002001001	管道支架制作安装	kg	69	20.90	1442.40	4.30	296.70
5	031003001001	螺纹阀门	个	12	54.50	654.84	6.50	78.00
6	031003013001	水表	组	60	64.92	3895.2	8.84	530.40
7	031004001001	浴盆	组	30	755.00	22700	28.99	869.7
8	031004003001	洗脸盆	组	30	215.76	6440.49	16.93	507.9
9	031004004001	洗涤盆(洗菜盆)	组	30	157.50	4725.12	11.99	359.7
10	031004006001	大便器	套	30	737.87	22136.19	17.65	529.5
11	031004014001	水龙头	个	30	22.77	683.01	0.73	21.9
12	031004014002	地漏	个	30	23.54	706.14	4.16	124.8
13	031004014003	地面扫除口	个	30	13.25	397.56	1.95	58.5
		小计				123024.61		15077.48

表12-3 单位工程措施项目清单表

工程名称:某住宅楼给排水工程 　　　　　　　　　　　　　　　　　　　　　　　　　第 页共 页

序号	项目名称	计算基数	费率(%)	金额
1	现场安全文明施工措施费	123024.61		1968.4
1.1	基本费	123024.61	0.8	984.20
1.2	考评费	123024.61	0.4	492.10
1.3	奖励费	123024.61	0.4	492.10
2	脚手架搭设费	15077.48	4	603.10
3	夜间施工增加费			
4	二次搬运费			
5	冬雨季施工增加费			
	小计			2473.36

表12-4 规费明细表

工程名称:某住宅楼给排水工程 　　　　　　　　　　　　　　　　　　　　　　　　　第 页共 页

序号	名称	计算基数	费率(%)	金额(元)
1	工程排污费			
2	建筑安全监督管理费	125596.11	0.19	238.63

序号	名称	计算基数	费率(%)	金额(元)
3	社会保障费	125596.11	2.2	2763.08
4	住房公积金	125596.11	0.38	477.26
5	工程定额测定费			
6	危险作业意外伤害保险			
小计:				3478.97

12.4　案例总结分析

（1）在分部分项工程量清单综合单价表 12-1 中,将已确定的清单项目"序号、项目编码、项目名称、定额编号、工作内容、单位和数量"填入相应栏目格子中。

（2）通过安装工程计价表,将查得的各清单项目定额编号的综合单价组成:人工费、材料费、机械费、管理费和利润填入表中。

（3）通过定额,分别查出清单项目"030801003001 承插铸铁管、030801002001 钢管、030802001001 管道支架制作安装、……、030804018001 地面扫除口"有关定额的人工费、材料费、机械费、管理费、利润和主材耗量的数据。

（4）将工程量分别乘以已查知的定额人工费、材料费、机械费、管理费和利润,并相加,可得各定额的合价。

（5）将每个清单项目下的数量分别乘以相应定额的人工费后相加,再除以清单项目的工程量,可得各清单项目的人工费单价。

（6）常见的单位工程措施项目有:现场安全文明施工措施费,脚手架搭设费,夜间施工增加费,二次搬运费和冬雨季施工增加费等。本工程现只考虑现场安全文明施工措施费和脚手架搭设费二项。

（7）常见的其他项目清单分招标人部分和投标人部分,招标人部分有不可预留费、工程分包和材料购置等;投标人部分有总承包服务费、零星工作项目等。

单位工程其他项目清单费用可由招标文件、或甲、乙双方协商确定。本工程未考虑其他项目清单费。

（8）建筑安装工程规费项目有:工程排污费,建筑安全监督管理费,社会保障金(养老保险金、失业保险金、医疗保险金),住房公积金,工程定额测定费和危险作业意外伤害保险等。本工程考虑了建筑安全监督管理费,社会保障金和住房公积金三项规费。

参考文献

［1］贾宝秋,马少华.全国造价工程师执业资格考试培训教材.建设工程技术与计量(安装工程部分)［M］.5版.北京:中国计划出版社,2006.

［2］中华人民共和国建设部.建设工程工程量清单计价规范(GB 50500—2013)［S］.北京:中国计划出版社,2013.

［3］中华人民共和国建设部.通用安装工程工程量计算规范(GB 50856—2013)［S］.北京:中国计划出版社,2013.

［4］中华人民共和国建设部.全国统一安装工程预算工程量计算规则［S］(GYDGZ—201—2000).2版.北京:中国计划出版社,2001.

［5］柯洪.全国造价工程师执业资格考试培训教材.工程造价计价与控制［M］.5版.北京:中国计划出版社,2009.